中国服装画

上

张志春
王玲 编著

陕西新华出版传媒集团
陕西人民美术出版社

图书在版编目(CIP)数据

中国服装画：上、下 / 张志春，王玲编著. -- 西安：陕西人民美术出版社，2020.12
ISBN 978-7-5368-3704-1

Ⅰ．①中… Ⅱ．①张… ②王… Ⅲ．①服装－历史－中国－图集 Ⅳ．①TS941-092

中国版本图书馆CIP数据核字(2021)第000890号

目 录

上 册

下　册

引 子

当我们说起服装的时候，往往会以为它"囫囵天地一团包"，是浑然一个整体。其实，倘若细细琢磨一下，便不难发现，在我们所见、所说、所听和所读的氛围中，服装呈现为三种形态：真实的服装、言说的服装和意象的服装。

真实的服装穿戴在你我的身上，它的功能在穿着中自然显现。它的研究旨在说明服装"是什么"，其最显著的成果便是各地林立的服装博物馆。沈从文的《中国古代服饰研究》意在揭示自夏商周以来历代服装"是什么"，或者直接展示出土实物本身，或者以文物中的雕刻与图像中的服装为依据，取舍文献中言说的服饰为衬托，从而坚实地排序出服装在历史上演绎的情状。这不只是言说服装及其意象的基础，对于任何深入中国服装的人来说，这都是绕不过去的入门课。

言说的服装表现在书籍与报刊中，服装的意义从中不断被揭示出来。本书编著者之一曾在《中国服饰文化》一书中，着意梳理了自《周易》、先秦诸子以来历代言说的服装，也建构了中国服饰文化思辨的源流体系。而《中国服装画》原本是书中的一章，开了个头便想全面铺展开来。因为服装画毕竟是服装自成格局的另一番风景。

"宣物莫大于言，存形莫善于画。"（张彦远《历代名画记·叙画之源流》）于是乎，《中国服装画》得以正面展开。它从意象服装层面切入，既有共时性地呈现，又有历时性地演进；既是静默的艺术符号，又是动态的记忆回响……在这里，一幅幅中国的服装画向我们走来，从远古的洞穴岩画中起身，在周秦汉唐庄严的礼乐声中，在威震四方的布帛与纸张里，在殿堂走向街头的时尚中……

事实上，看历朝历代的服饰实物，我们知道了彼时彼地的服装是什么；读言说中的服饰，我们知道了叙述者的立场，了解了言说者深究服装是为了什么；而读服装画，则打开了一个新的窗口，可以时时穿越，既可感性地瞬间把握，又可理性地价值联想，窥知形式本体所积淀的深厚意蕴，让服饰天地的湖光山色奔来眼底，让服饰的意义世界在内心构筑。这里要说的是，笔者仍然心存奢望，唯愿这一幅幅自古而今的服装画，如同美丽的音符，在读者内心深处自由地排列组合，演奏出独特的中国服饰文化的浪漫交响！

从图典律令到辨识族群的描绘
——中国服装画古代部分

中国文化的格局中，服装画也是颇为醒目的角色。它源于远古，流播至今，途中不乏自身的腾跃改道与支流的汇入。一路蜿蜒而来，便成为让人流连的风景。

服装画分广狭二义。广义的服装画泛指描绘涉及服装的所有绘画，即画者以线条色彩来呈现历史事象与人物时，涉及了服装等外貌形象及时尚生活方式的绘画。狭义的服装画是以摹写服装表现为自足目的，是有着充分自觉意识的服装画。狭义的服装画，作为中国服装画的典型与代表，则有着萌生、独立与发展演进的生命流程，虽说这一领域长时期成为被遗忘的角落，但它的价值与意义却并未因此而失落。

一

不难想象，当读者捧读这本书的时候，一定会有人惊奇地问，中国服饰少说也有五千年的历史，叙述常规无论怎样也应由夏商周开始，你怎么从宋代开始的呢？事实上，此书观念初萌的时候，我也这样问过自己；规模初成的时候，不少朋友也这样质疑过。这是因为，按照我们所拟定狭义服装画的标准梳理下来，历史上不少著名的画卷都难以进入扫视的范围。而狭义的服装画之前，所有绘制有服装作品的时代，可命名为"前服装画时代"。

当然，这样的命名与时代划线只是一种虚拟和假说。它只是以当下文献和文物证实的服装画为依据的。倘若从情理上推测，中国服装画的历史还可以向前追溯得更加久远。

从出土文物看，原始壁画与陶画中已经出现着装的人物了。但那无音的画图本身难以说明先民们是否以画服饰为主要目的，或以展示服饰为主体意象。在新石器时代的彩陶涂绘中，在地老天荒的岩画人物中，我们看到了先民以色彩与线条着力勾勒出的服装印象。这是直觉的感性造型，是迥异于抽象文字表达的别样文本。或许，创作者当时绘制的心态已难以准确地指证与论说，但其大致的路径似乎可以猜测。那些作品看似构图粗放，线条简略，色彩单纯，但却可能是图腾服饰时代的忠实记录，其价值不可低估。或许是幼稚的，但却是划时代的。因为它毕竟轮廓清晰地呈现出远古时代的着装样态，或者能隐隐渗透出当时着装者的心态。而且那更多抽象化的创作思维与构图方式，也许不无工具与画本载体的局限，但那从具体到抽象的思维方式，恰是先民们在绘图中将神圣之物不断强化与简洁的常规路径。如青海大通县出土彩陶盆图像中的五人携手而舞，从那突出强调的尾饰中，可以联想到伏羲女娲人面蛇身的种种画像，可以联想到黄帝时代"百兽率舞"的动物图腾狂欢情景；而甲骨文"尾"字，恰恰也忠实地记录了人身尾饰的远古记忆。这种种联想或许可以支持一种假说，即先民在这些绘画的创作意念中，服装是被充分关注且处于神圣的地位的。服装画的萌芽似乎可以从此初透。

倘若从史料来看，起码在汉武帝看来，唐尧虞舜的时代就已经有服装画了。《汉书·武帝纪》诏贤良曰："朕闻昔在唐、虞，画像而民不犯。"师古注引《白虎通》："画象者，其衣服象五刑也。犯墨者蒙巾，犯劓者以赭著其衣，犯髌者以墨蒙其髌象而画之，犯宫者扉，犯大辟者布衣无领。""五刑"指古时的五种酷刑：墨，指在脸上刺字并涂墨；劓，割掉鼻子；髌，除去膝盖骨；宫，男子割势，女人幽闭；大辟，死刑，俗称砍头，隋后泛指一切死刑。这就说明，画像是一种恐吓示众、象征刑罚的绘制行为，即古来所谓"象刑"。可见象刑即画衣冠。这是彰示尧舜时代政治贤明的标志性的服饰画像。虽有五刑却不实施，而是以图画衣冠或异常的服饰来象征惩罚。《尚书·尧典》："象以典刑。"《尚书·益稷》："皋陶方祗厥叙，方施象刑，惟明。"伏生《尚书大传》："唐虞之象刑，上刑赭衣不纯，中刑杂屦，下刑墨幪，以居州里，而民耻之。"如果所述可以确证，那么可以明显看出，在这里，服饰成为绘制的直接对象，也显现为构图的主体意象，服饰款式或色彩的变异本身被赋予特殊的功能和意义，即渲染惩罚的语境，呈现出象征权力意志的符号功能。这当然是自觉的服装画。但从当事人汉武帝自述"朕闻"口吻看来，他也只是听说而并非目睹，可见当时并无画像实物的存在。而南朝宋人裴骃在《史纪集解》中谈及《五帝本纪》时，解释"黄收"一词曾说"《太古冠冕图》云：夏名冕曰收"云云，可见著者当时就读到这一颇为系统的服装图谱。那么，可以确认的服装画源自哪朝哪代呢？这应有待于文献更为广阔的梳理与考古新材料的面世来回答了。

从理论上看，《周礼》的时代应有自觉意识的服装画了。在当时所设置的所有级别的官员中，几乎每人的职责都含有服饰方面的内容。最高职责的大司徒，有以礼治国——推广服饰之同，诛讨服饰之异的任务，"以本俗六，安万民……六曰同衣服""作淫声、异服、奇技、奇器以疑众，杀"[1]。这里所谓的"同衣服"，旨在要求诸侯国自己所属的官吏按层级统一规范着装。这一要求

---

① 张志春：《中国服饰文化》，中国纺织出版社，2009，第107-108页。

是将《周易》"垂衣裳而天下治"的观念落实到现实的制度中来，并且像督战似的随即威慑道：倘若不按这样的要求（着装款式、图纹、色彩、配饰和质料等）来统一着装，那就是图谋不轨的反叛行为，就是对抗中央的抗议和示威捣乱，就是冒天下之大不韪的奇装异服，便明确昭示天下以诛杀之！据《礼记·王制》，天子每年要外出巡视，检查诸侯国的"礼乐、制度、衣服"是不是"正"，若发现"改革制度、衣服"，那罪名就是"叛"，诸侯就要受到讨伐。如此严酷的律令，若想在现实中得以有效地执行，不可能由天子所在地制成批量的等级服装颁发给四面八方的诸侯国，而最为妥帖的办法应是以文字要求配以具体的服装画发布下去。一般说来，当时绘画的载体有三，一是布帛，二是石板，三是陶砖。砖石拙笨厚重难以大块搬移，且刻制也不容易。故猜测这种直似法律条令式样板的服装画，最有可能绘制在布帛上，便于传送四方，便于模仿并指导制作。或许，未来只有以出土实物的发现来证明这一猜测。

"刑不上大夫，礼不下庶人"的说法简洁地道出了当时国家治理的礼治传统。自夏商周以至明清无不如是。而服饰作为礼制制度的核心载体一直延续下来。宝塔状的全国所有层级的官员服饰都在顶层设计与掌控之下，服装画便成了政令式的执行依据、裁决时的法规条例。在这样的背景和氛围下，读《论语》"子夏问为政"时，孔子回答三大要点中有"服周之冕"也就容易理解了。

二

上述种种，就是我们搜集服装画时遇到的断线珍珠状现象的历史背景。

细细想来也是，颇为古老的《太古冠冕图》虽为南朝裴骃所抚摸与观览，但对于今日的我们仅仅是一段文字的提示与回忆；汉代郑玄，晋代阮谌，夏侯伏朗，隋开皇年间敕礼官，以及唐代张镒、梁正等所撰六种《三礼》旧图，就整体而言，也只能见之于宋代聂崇义面前而不能为我们所展读（虽然个别在聂著中有醒目的标注）。只能听任聂崇义反复揣摩，相互比证，重加考订，融汇众源，自成巨流，成就为大名鼎鼎的《三礼图集注》。其实认真说来，前述的汉唐年间郑、阮、夏侯、张、梁诸公，他们的《三礼》图绘也非原创，如上述所示，是继承前人而有所拓展的。

从我们搜集到最早的图谱看来，都属法典式服装图画。虽说后世服装画递相沿袭似无多创意，今日读来或以为不过古代服饰典章礼制的工具书而已。但在当时，在相当长的历史时期，却是那么神圣而庄严，有着不可轻慢的地位和价值。仅就其出发点、全部过程和终极目标而言，它的绘制无不以服装为其直接对象和自足目的。因而可称为自觉的服装画。这种服装画的现实效应和历史影响自不待言。作为治国平天下的重大方略，作为梳理社会秩序、性别秩序的工具，服饰制度以显性的模式化的直觉形象展示出来，要整个社会学习、遵守和崇敬。制定者，定质且定量，从玄思到神话哲学之内涵、治国之盛事，再具体到质料、图纹、色彩、款式，从整体轮廓到细部尺寸都会规范到位，不会朦胧含糊的。推广开去，是有案可稽的政策；学习，是至高颁布的范本；惩治，是千金不易的法律依据；制作，是制模铸范的蓝图；对于向往者来说，它是虽不能至然心向往之的神圣意象。

这就是工具书式的服装画，也是法典式的服装画。今日之读者或许以为只是款式图的简单展示，而在绘制者看来，在当时的社会氛围中，在相当漫长的历史时期，这类服装画有着深重而神秘的内蕴，有着震慑人心的统治效应。而且由此而后，形成了一个漫长的服饰画系列。虽有增删改易订正，但总体格局仍无大变。如宋代服装画著作《三礼图集注》（宋人聂崇义撰，简称《三礼图》），广采汉代以来汉唐年间所撰六种《三礼》旧图，相互比证，重加考订，编辑成书，为流传至今诠释古代名物制度较早的一部著作，于宋太祖建隆三年（962）完成，共二十卷。回想唐人国力强盛，自信力强，大有胡风，特别是在穿着方面，既有讲究又无拘无束。而宋人此际积贫积弱，在总体上要消除胡风，回归中华传统，特别是在服装上不像唐人那样张扬，那样开放，而是内敛收缩。聂崇义的著述正是在这一点上满足了这一时代的需求。因而这一服饰图谱的整合，看似简单的线描，其实在画者和读者那里，似有着如孔子作《春秋》而整顿历史秩序的崇高感与使命感。虽说《三礼图》对冕服图、后服图、冠冕图、丧服图等描述不尽确切，但作为文本，对宋建隆年间的服制改革却起到了决定性的作用。直到元明时期，冠服制度仍有不少取法于此，可见覆盖笼罩之深。再如宋曾公亮、丁度所撰《武经总要》，也有一些军戎服装画，如头鍪顿项、身甲、披膊等，都是通过图谱式的叙事达到向华夏正宗的皈依。

沿袭这一思维，明代或综合或专著式的系列服装画著作出现了。《大明会典》中冠服、仪礼等门类附有插图；《三才图会》中的衣服图部分绘有三卷，自上古至明代，内容包括皇帝的冠服（衮冕、绣裳等）、文武官员的冠服、补子的纹样、明代的巾帽图、首饰等；《中东宫冠服》中也以服装画展示了皇后冠服、命妇冠服，以及皇帝和文武官员服装冠帽、鞋靴等。这些服装画采用的线描画法工整写实，以平面形式把衣服一件一件地描绘出来，纹样图案、款式结构都井井有条，甚至有背面图。聂崇义以正面引导的努力意在淡化与消解异族风貌，而明代则是对前代异族风貌的全面刷新与驱除。前者仿佛是在众声喧哗中强化主流声音，后者则是在尘埃落定之后重新确认主流声音。在这一文化背景下，明代无名氏所撰写的明律注释读物《大明律讲解》就容易理解了。书中系列丧服图、本宗九族五服正服图、妻为夫族服图、出嫁女为本宗降服图、外亲服图、妻亲服图、三父八母服图等，主旨大约不是如后人所看重的服饰参考资料云云，而是自上而下必须理解与执行大明律令的文本依据。《大清会典图》亦如此，不提也罢。至于清陈梦雷原辑、蒋廷锡等受命重编的《古今图书集成》中的大量服装画，则是以贯通古今的手法将新朝列为正统延续的文化包装而已。

　　而明宋应星撰《天工开物》，仍有服装画，以感性显现龙袍、布衣、夏布、裘、褐毡等服饰事象，但似有着有意疏离主流话语、将服装导入生活话语层面或客观研究的意味。黄宗羲《深衣考》尚拟有数幅深衣图稿，则有意与时俗抗议或对话，将深沉的思想积存于冷静沉默的考释图文之中。

　　服装画的发展过程，到后来，特别是明清时代，愈来愈有以图谱彰示回归华夏正统的自觉意识。

<h2 style="text-align:center">三</h2>

　　人类是有共性的，而着装后，便渐渐显出生命个体和大大小小群体的特性。于是服装画中出现了另一类型，即作为辨识的标志。服装或服装画的这一功能，古人早已认识到。《孔子家语·致思》就说过"不饰无类"，就是清楚地意识到服饰作为其类属的辨识作用；《论语》中孔子与其弟子评价人物时说："微管仲，吾其被发左衽矣。"这一个案说明在圣人目光中，披发左衽就是异族的辨识标志。这一特色在后世的服装画中典型的表现，就是《皇

清职贡图》（清乾隆十六年，1751）与《百苗图》（原本是陈浩《八十二种苗图并说》，撰于清嘉庆初年）。前者以工笔重彩描绘朝、日、英、法、荷等二十余国及满、蒙、苗、瑶、黎、侗等民族男女服饰图；后者更是以多种版本绘制了苗族近百分支的服装图像。这就是为了察识。这仍是垂衣治天下思维模式的延展，只不过比起前者要间接一些，视野要推开一些罢了。而且对更多的读者而言，有着开阔眼界、见识新鲜的意趣。

与此同时，身处异域的他者也会因关注而出现描绘华夏衣装的服装画。因为你在桥上看风景，而风景中的人也在看你。这里有多重动机和文化效应。日本宽政十一年（1799）出版的《清俗纪闻》中有系列服装画，仍是图典工具式类，意在了解民俗风情，进而把握大清王朝的世态人心。而在清乾隆年间旅游到中国的英国画家威廉·亚历山大则绘制了《中国人的服饰和习俗图鉴》一书，不仅为中国服装画带来了绘画技巧的全新格局，即以透视定点的西画视角，以衣人合一的逼真写实的绘制点染，更在于他能有身在"庐山"之外的超脱与清醒，能在跨文化比较的层面上评说。虽说是随感式的即兴话语，但却在服装画的格局中拓开了一个相对广阔的意义空间。即便是在太平天国任职的英人吟唎的一些写生图，也因有着充分的服装自觉意识，可列入服装画之列。虽说这些著作当时多出版在国外，对国内影响似乎微弱，然而，随着清末民初新一代学人走出国门，当他们发现这种异域观察中国服饰的目光时，可能会因对内容的熟稔而亲切，会因视角的越轨而震撼。即便到今天，重读这些服装画，仍会给人以相当大的想象与联想的空间。

总之，本书的编写，旨在建构一本以历代图像言说的中国服饰叙述模式。想象中的建构应是历代先贤接龙续写的直觉造型的中国服饰史诗。它以时代为经，以当时颇有影响的画册或画家为纬，选择有代表性的服装画，前缀略带综合性的相关简介，图后随附简单的注释。需要说明的是，同一款式名称，不同时代绘者理解不同，绘制不一，这里便录存原貌，不避歧异。或有同音异字的词汇如"褕狄"者，竟有"褕翟""揄狄""阙狄"等四五种之多，亦遵循原著文末而不改；或有同名而款式不同者，如皮弁，宋人与明人所绘迥然不同。高楼万丈从地起，我们的编写，只是望着天边的想象，从眼前起步而已。静俟各方批评指教。是大历史的小叙述吗？是后来者的浪漫穿越吗？亲爱的朋友，且让我们一并打开后再说。

一、宋代典籍中的服饰图谱

《武经总要》

《武经总要》是北宋官修的一部军事著作。作者为宋仁宗时的文臣曾公亮和丁度，两人奉皇帝之命用了五年时间编成。

该书是中国第一部规模宏大的官修综合性军事著作，对于研究宋朝以前的军事思想有着重要的价值。不仅如此，《武经总要》一书中，还花了一定篇幅对军中服装步人甲做了图画展示。其中包括头鍪顿项、身甲、披膊等军服图式，以线描的形式绘出了这些服装的外部轮廓及细部造型。图注为编著者所添加。

　　步人甲为宋朝重步兵铠甲。《武经总要》曾提及，它与骑兵所用铠甲最大差别就是尺寸较大，几乎护住全身。绍兴四年（1134）所规定的步人甲由1825张甲叶连缀而成，重达58宋斤（1宋斤等于0.6公斤），被认为是世界上最重的铠甲。本图是步人甲之头鍪顿项。

图1-1　步人甲之头鍪顿项

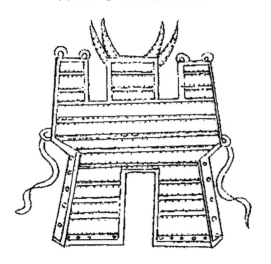

　　身甲是一整片，上面是保护胸、背的部分，用带子从肩上系连，腰部又用带子向前束扎，下垂左右两片膝裙。身甲上缀披膊，左右两片披膊在颈背后连成一体，用带子结系在颈下。

图1-2　步人甲之身甲

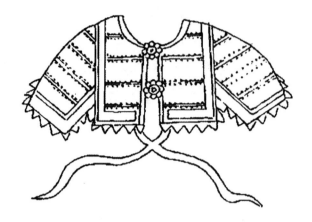

作战所穿甲胄，因保护肩膊故称"披膊"。范成大《桂海虞衡志·志器》："蛮甲，惟大理国最工。甲胄皆用象皮。胸背各一大片如龟壳，坚厚与铁等。又连缀小皮片为披膊护项之属，制如中国铁甲，叶皆朱之。"

图1-3 步人甲之披膊

《礼书》

《礼书》，作者陈祥道（1042—1093），字用之，一作祐之，福州（今属福建）人。宋英宗治平四年（1067）进士（《淳熙三山志》卷一六）。除国子监直讲，迁馆阁校勘。哲宗元祐中为太常博士，终秘书省正字。著《礼书》一百五十卷。《宋史》卷四三二有传。

礼乐文化是儒家思想文化的重要内容。礼，包含了人们的行为准则、道德规范、尊卑秩序以及礼仪规范等，是封建社会秩序的基础。陈祥道的《礼书》就是阐述我国夏商周三代之礼制的著作，该书介绍了当时上层社会的典章、制度、规矩、仪节，如冠礼、婚礼、丧礼等，以及仪礼中的音乐、服饰、车马、仪仗、礼器和祭品等。

《礼书》十分重视礼图的作用，绘图近八百幅，先图后文，依据前人著述引用儒家经典对夏商周礼制进行考核订正，内容完备，条理清楚，纠偏补缺，多有独到之处。书中受王安石《三经新义》思想影响较多，但王安石变法失败之后，该书仍为学者所推崇，是我国古代礼制的集大成者之一。唐代及北宋学者研究夏商周礼制的著述多佚失，该书独能完整保存下来，成为礼学的重要文献之一，与司马光《书仪》、朱熹《仪礼经传通解》共同代表了宋代礼学的最高研究水平，对后世学者研究礼学发展，了解夏商周时代礼制具有很高的参考价值。

《礼书》在清乾隆年间被收入《四库全书》。书中考证绘制的服饰图，除了冠冕服饰外，还有深衣、童子服、綦等。图式中服饰样式较为全面和细致，冕服中章纹较清晰明了（本书选取其中三十一幅）。图注为编著者所添加。

《周礼·司服》(《四部丛刊》明翻宋岳氏本，下同)："王之吉服，祀昊天上帝，则服大裘而冕；祀五帝亦如之。"《三礼图》(《四部丛刊》三编景蒙古本，下同)："大裘者，黑羊裘也。"《礼书》(中华再造善本·金元编·经部)："郊明堂雩祀皆服之，今文大裘冕无旒。"

《周礼·司服》："享先王，则衮冕。"《三礼图》："冕，制广八寸，长尺六寸……衮冕十二旒……每旒各十二玉，垂于冕前后，共二十四旒。"

图1-4　大裘冕

图1-5　衮冕

《周礼·司服》："享先公、飨、射，则鷩冕。"郑玄注："鷩，画以雉，谓华虫也。其衣三章，裳四章，凡七也。"

图 1-6　鷩冕

《周礼·司服》："祀四望山川，则毳冕。"

《周官新义》（清文渊阁四库全书本，下同）："毳冕，则五章之服。"

图 1-7　毳冕

《周礼·司服》："祭社稷五祀，则希冕。"

《周官新义》："希冕，则三章之服。"唐陆德明释文："希冕，本又作缔。"

图1-8　缔冕

《周礼·司服》："祭群小祀，则玄冕。"

《周礼正义》："玄冕，一章之服。"

图1-9　玄冕

鷩冕，鷩衣而加冕，为周天子与诸侯的命服。其服绘七章纹，即衣画以华虫、火、宗彝三章纹，裳绣以藻、粉米、黼、黻四章纹。鷩，雉也，华虫即画以雉。因章纹以华虫为首，故名。天子着装可上兼下，而侯最高品级即此。《唐六典》卷四："二品服鷩冕。"《周礼·司服》："侯伯之服，自鷩冕而下，如公之服。"

龙衮，亦称"衮服""衮衣""龙卷"等，衣色黑，上绣卷龙、华虫等图纹，与纁裳之纹合为九章纹。为天子、上公之礼服。

图 1-10　上公龙衮

图 1-11　侯鷩冕

鷩冕，天子及诸臣礼服。由冕冠、冕服、蔽膝、大带及佩绶组成。祭祀先公、行飨射礼时则服之。其服绘绣七章：即衣画以华虫、火、宗彝三章，裳绣以藻、粉米、黼、黻四章。

毳冕，"六冕"之一。衣用玄色，画虎蜼、藻、粉米三章纹，裳用纁色，绣以黼、黻二章纹。天子及诸臣礼服。毳，毛也。宗彝饰虎蜼之形，皆毛兽，故名。天子着装可兼下，而子男所着最高品级礼服即此。

图1-12　伯鷩冕

图1-13　男毳冕

《文献通考》（清浙江书局本）："鷩冕之章七，衣绘华虫、火、虎蜼，裳绣藻、粉米、黼、黻。"

图 1-14　王之三公鷩冕

《周礼·司服》："祀四望山川，则毳冕。"《古今考》（清文渊阁四库全书本）："以宗彝、藻、粉米绘于衣，黼、黻绣于裳。"

图 1-15　王之孤毳冕

衣无章纹，裳绣黼、黻、粉米三章纹。《宋史·舆服志四》："鷩冕：六玉，三采，衣三章……六部侍郎以上服之。"

图1-16 王之卿鷩冕

衣无章纹，裳绣黼、黻、粉米三章纹。《唐六典》卷四："四品服绣冕。"宋有变制。《宋史·舆服志四》："绣冕：四玉，二采，朱绿。衣一章，绘粉米；裳二章，绣黼黻。"

图1-17 王之大夫绣冕

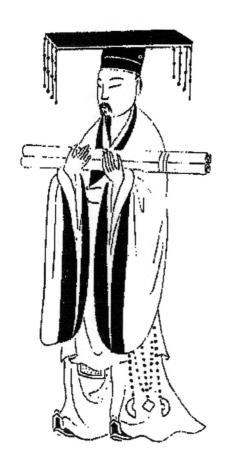 

絺冕，亦作"希冕"。《周礼·司服》："祭社稷五祀，则希冕……孤之服，自希冕而下，如子男之服。"汉郑玄注："希，刺粉米，无画也。其衣一章，裳二章，凡三也。"

图1-18　诸侯之孤絺冕

玄冕，原为天子及诸臣礼服。至唐则作为五品祭服，宋用作诸臣祭服。《新唐书·车服志》："玄冕者，五品之服也。以罗为之，五旒，衣、被无章，裳刺黻一章。"

图1-19　诸侯之卿玄冕

玄冕为天子与诸臣的礼服。"六冕"之一。此为大夫助祭时所服。玄衣纁裳，衣无章纹，下裳绣黻一章。其制出现于商周。《周礼·司服》："祭群小祀则玄冕。"至唐为五品祭服。《新唐书·车服志》"玄冕者，五品之服也。"宋为诸臣祭服。《宋史·舆服志》："玄冕，无旒，无佩绶，衣纯黑，无章……光禄丞、奉礼郎、协律郎……供祠执事官内侍以下服之。"六冕之中，玄冕最卑，故亦称褝冕。

祭祀时所穿礼服，为各类冠服中最贵重者。视祭礼之轻重，有数种形制。制出于商，至西周逐渐完备。宋代以降，除公祭外，又有家用祭服，着时各按身份等级。衣无章纹。

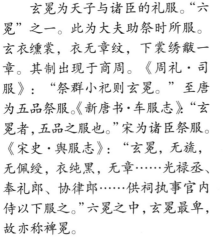

图 1-20　诸侯之大夫玄冕

图 1-21　诸侯祭服

黑色礼服，为礼服中较贵重一种。玄，黑色；端，端庄、方正。指衣服用直裁法为之，规矩而端正。

《周礼·司服》："其齐服，有玄端、素端。"《周礼正义》："《玉藻》云：天子玄端而朝日于东门之外，卒食玄端而居。"

图 1-22　玄端

皮弁，省称"弁"。男子礼冠。刘熙《释名·释首饰》："弁如两手相抃时也……以鹿皮为之，谓之皮弁。"

周礼规定的天子、诸侯、大臣所戴冠帽一种，多用于天子视朝、诸侯告朔。长七寸，高四寸（据南京大学藏战国铜尺，周代一寸为 2.31 厘米；据中国历史博物馆藏北宋木矩尺，宋代一寸为 3.091 厘米），制如覆杯。皮弁因历代属变且绘制者理解不同而款式不同。《礼书》即此别致一款。

图 1-23　皮弁

古代诸侯、大夫、士平时闲居所穿衣服。上衣下裳相连。《礼记·深衣》："古者深衣，盖有制度，以应规、矩、绳、权、衡。"郑玄注："名曰深衣者，谓连衣裳而纯之以采也。"孔颖达《正义》："所以此称深衣者，以余服则上衣下裳不相连，此深衣衣裳相连，被体深邃，故谓之深衣。"

图 1-24　深衣

纯素色衣裳相连的丧服，用于古代丧礼。多是古代贵族居丧所穿。《礼记·杂记上》："如筮，则史练冠长衣以筮。"郑玄注："长衣，深衣之纯以素也。长衣练冠，纯凶服也。"

图 1-25　长衣

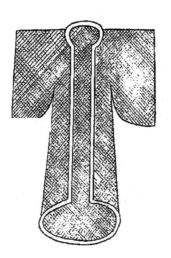

古人斋戒期间沐浴后所穿干净内衣。古代习俗，祭祀行礼前须先行沐浴，浴罢身体未干，则以此布披之。其制无领无祛（祛，袖口），下长至膝。

图1-26　明衣

用黑羊皮和狐白制成黑白相间的黼纹皮裘，周代国君秋季田猎时所穿礼服。

图1-27　黼裘

紫羔皮所制皮衣。古时为诸侯、卿、大夫朝服，穿着时与缁衣相配。缁衣，黑色帛制朝服。

图1-28　羔裘

鹿皮大衣。常用为丧服及隐士之服。也称"鹿皮裘""文裘"。《礼记·檀弓上》："鹿裘衡、长、袪。"孔颖达疏："鹿裘者，亦小祥后也，为冬时吉凶衣，里皆有裘。吉时则贵贱有异，丧时则同用大鹿皮为之，鹿色近白，与丧相宜也。"

图1-29　鹿裘

狐腋白毛所制皮衣。《礼记·玉藻》："君衣狐白裘，锦衣以裼之。"

图 1-30　狐白裘

用狸皮裁制的衣服，以示尊贵。《诗·豳风·七月》："一之日于貉，取彼狐狸，为公子裘。"郑玄笺："于貉，往搏貉以自为裘也；狐狸以共尊者。"孔颖达疏："定公九年《左传》称齐大夫东郭书'衣狸制'，服虔云：'狸制，狸裘也。'《礼》言狐裘多矣，知狐狸以供尊者。"

图 1-31　狸裘

童子穿四衩衫，意在便于活动，与童子不裳裳、不帛襦袴是相同的。童子衣一般叫"采衣"，用缁布为衣，而饰以锦缘，锦一般用朱红。

图 1-32　童子服、童子履

古代帝王服以祀天之履。

图 1-33　赤舄

綦，系鞋之带。皮弁之缝中，每贯结五彩玉十二以为饰，谓之綦。

图 1-34　綦

《新定三礼图》

作者聂崇义，洛阳（今属河南）人。《宋史》有传，然其字号、生卒年、家族身世等付诸阙如。一生活动应在唐末、五代到宋初之间。宋初统治者施行"以文治武"的治国方针，沿袭了隋唐以来的礼乐盛世背景。统治者利用礼乐之道治理国家，这也为精通礼学的聂崇义提供了施展才华的空间。《四部丛刊》本《析城郑氏家塾重校三礼图》之《新定三礼图序》题言"通议大夫国子司业兼太常博士柱国赐紫金鱼袋臣聂崇义集注"，可知聂氏已官拜从二品。《宋人轶事汇编》卷五言聂崇义为河洛师儒，赵韩王（即宋初宰相赵普）尝拜之，可见聂崇义在其时地位甚高。其《三礼图集注》绘于国子监墙壁，流传深广，影响甚大，后世礼图之作多本其源，可谓礼图著作之大成。开宋代礼学"左书右图"之风，实为礼学史上一大创见。

《新定三礼图》之图均上溯秦汉，援经据典，追源溯流，考释器象，虽未必尽如古昔，仍具有重要的参考价值。现存的图谱近于古者，以此书为最。

《新定三礼图》中服饰图六十余幅，本书选用三十九幅。绘制精细，服制完备，冠冕佩绶、五服形制等一一罗列，对宋代以来的服饰产生了重大影响。图下标注均选录自此书原文解说。

大裘者，黑羔裘也。其冕无旒，亦玄表纁里。

图 1-35　大裘冕

绨冕三章，祭社稷五祀之服。

图 1-36　绨冕

玄冕一章，祭群小祀之服。

图1-37　玄冕

韦弁服者，王及诸侯卿大夫之兵服。

图1-38　韦弁服

《士冠礼》："皮弁服，素积，缁带，素韠。"注（即郑玄注，下同）云："皮弁者，以白鹿皮为冠，象上古也。"

图1-39　皮弁服

田猎则冠弁服。后郑（即郑玄，下同）云："冠弁，委貌也。"委，安也，服之所以安正容体也。若以色言之则曰玄冠。

图1-40　冠弁服

端，取其正也。士之玄端，衣身长二尺二寸，袂亦长二尺二寸。今以两边袂各属一幅于身，则广袤同也。

图 1-41　玄端

三公八命而下服毳冕者……其挚执璧与子男同制，故服毳冕与子男同也。虽从毳冕五章，其旒与小章皆依命数。

图 1-42　三公毳冕

《司服》云："公之服，自衮冕而下。"注云："自公衮冕至卿大夫之玄冕，皆朝聘天子及助祭之服。"

图 1-43　上公衮冕

《司服》云："侯伯之服，自鷩冕而下。"《弁师》注云："侯伯繅七就，繅玉皆三采，每繅七成，则七斿。每斿亦贯七珉玉，计用玉九十八。韨、带、绶、舃皆与上公同。王祀昊天上帝助祭及朝王皆服之。王者之后、方伯、王之子弟封为侯伯者皆服之，以助王祭先公及缯射。"

图 1-44　侯伯鷩冕

《司服》云：“子男之服，自毳冕而下。”又《弁师》注云：“子男缫五就，缫玉皆三采，每缫五成，则五旒。每旒亦贯五珉玉，计用五十。韨、带、绶、舄皆与侯伯同。若朝王及助王祀昊天上帝、祭先王先公、飨射、祭四望山川及自祭四望山川，皆服之。王者之后、方伯、王之子弟封为侯伯者皆服之，以助王祭四望山川。”

图1-45　子男毳冕

《司服》云：“卿大夫之服，自玄冕而下。”注云：“朝聘天子及助祭之服，诸侯非二王之后，其余皆玄冕而祭。”

图1-46　卿大夫玄冕

爵弁制如冕，但无旒为异。《士冠礼》注云："爵弁者，冕之次。"
谓尊卑次冕也。

图 1-47　爵弁

《司服》云："士之服，自皮弁而下。"又《弁师》注云："韦
弁、皮弁之会无结饰。"《士冠礼》云："皮弁服，素积，缁带，
素韠。"

图 1-48　皮弁

《玉藻》云："朝服以日视朝于内朝。"郑云："朝服，冠玄端、素裳也。"又《王制》云："周人玄衣而养老。"注云："天子燕服为诸侯朝服。"

图 1-49　诸侯朝服

《士冠礼》云："玄端、玄裳、黄裳、杂裳、缁带，爵韠。"注云："此暮夕于朝之服。"……玄端即朝服，十五升布衣也。不言朝服而玄端者，欲见色而取其正也。

图 1-50　士玄端

　　袆衣，翚雉衣也。其色玄。后郑以为素质五采，刻为翚雉之形，五色画之，缀衣上以为文章。后从王祭先王则服，上公二王后、鲁夫人助君祭宗庙皆服之。

图 1-51　袆衣

　　后郑读"揄狄"为摇翟，雉名，青质五采，故刻缯为揄翟之形，而五采画之，缀于衣上以为文章。然则揄翟之衣其色青，后从王祭先公则服之，首饰珮绶与袆衣同，青舄、白绚、繶、纯。侯伯夫人助君祭宗庙亦服之，首饰亦副。

图 1-52　揄狄

案（即聂崇义按，下同）：袆、揄二翟皆刻缯为雉形，又以五采画之，缀于衣。此亦刻缯为雉形，不以五色画之，故云阙翟。其衣色赤，俱刻赤色之缯为雉形，间以文缀于衣上……首饰珮绶一如二翟，赤舄、黑绚、繶、纯。其子男夫人从君祭宗庙亦皆服之。

图 1-53　阙翟

鞠衣者，后告桑之服也。案：后郑云："鞠衣，黄桑之服，色如鞠尘，象桑叶始生。"

图 1-54　鞠衣

展衣色白，后以礼见王及宾客之服。珮绶如上。上首服亦编，白屦、黑绚、繶、纯。

图 1-55 展衣

褖衣色黑，后接御见王之时则服褖衣及次。案：《追师》注云："次者，次第发长短为之，所谓髲髢也。"……其珮绶如上，而黑屦、白绚、繶、纯。士妻从夫助祭亦服之。

图 1-56 褖衣

繻袘，当嫁之女所服也。《士昏礼》云："女次，纯衣繻袘，立于房中，南面。"……袘，缘也。袘之为言任也。以繻缘其丝衣，象阴气上任于阳也。取交接有依之义。凡妇人不常施袘之衣，盛昏礼为此服耳。

图 1-57　纯衣繻袘

此师姆母所著之衣也。《士昏礼》云："姆纚笄宵衣，在其右。"注云："姆，妇人年五十无子而出，不复嫁，能以妇道教人者。"

图 1-58　宵衣

童子采衣，紒。故《士冠礼》云："将冠者采衣，紒。"注云："采衣，未冠者所服。"《玉藻》云："童子之节也，缁布衣，锦缘，锦绅，并纽锦，束发，皆朱锦也。紒，结发也。"

图1-59　童子服

旧《图》云："始冠，缁布。"今武士冠，则其遗象也。大小之制未闻。

图1-60　缁布冠

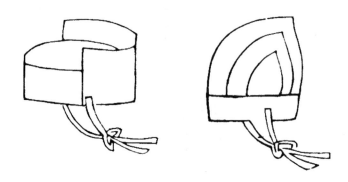

　　梁正又云："师说不同，今《传》《疏》二冠之象，又下有进贤，皆云古之缁布冠之遗象。"其张镒重修亦云："旧图有此三象，其本状及制大小未闻。"此皆不本经义，务在相沿，疾速就事。今别图于左，庶典法不坠。

图 1-61　太古冠

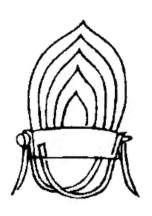

　　《士冠礼》注云："皮弁以白鹿皮为之，象太古。"……《周礼》王及诸侯、孤、卿、大夫之皮弁，会上有五采、三采、二采，玉璂象邸，唯不言士之皮弁有此等之饰。

图 1-62　皮弁

爵弁。郑云："冕之次也。其色赤而微黑，如爵头然。"用三十升布为之，亦长尺六寸，广八寸。前圆后方，无旒而前后平。

图 1-63　爵弁

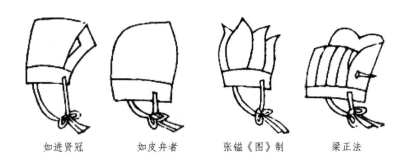

如进贤冠　　　如皮弁者　　　张镒《图》制　　　梁正法

委貌，一名玄冠。故《士冠礼》云："主人玄冠、朝服。"注云："玄冠，委貌也。"旧《图》云："委貌，进贤冠其遗象也。"《汉志》云："委貌与皮弁冠同制。"案：张镒《图》诸侯朝服之玄冠，士之玄端之玄冠，诸侯之冠弁，此三冠与周天子委貌形制相同。则与进贤之遗象、皮弁之同制者，远相异也。其梁正因阮氏之本而图委貌，与前三法形制又殊。臣崇义详此委貌之四状，盖后代变乱法度，随时造作，古今之制或见乎文，张氏仅得之矣。今并图之于右，冀来哲所择。

图 1-64　委貌

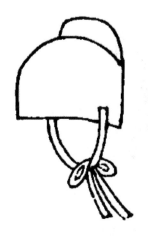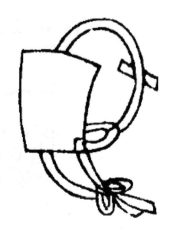

旧《图》云："夏曰毋追，殷曰章甫，周曰委貌。"后代转以巧意改新而易其名耳。其制相比，皆以漆布为壳，以缁缝其上。前广四寸，高五寸；后广四寸，高三寸。章甫，委大章其身也。毋追，制与周委貌同。

图 1-65　毋追、章甫

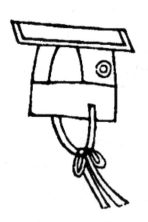

案：《王制》疏与旧《图》云："周曰弁，殷曰冔，夏曰收。"三冠之制相似而微异，俱以三十升布漆为之。皆广八寸，长尺六寸，前圆后方，无疏，色赤而微黑，如爵头然。

图 1-66　周弁

远游冠,《后汉志》云:"如通天冠,有展筒,无山述。"又案:《唐典》云:"远游三梁冠,黑介帻,青缕,诸王服之。若太子及亲王即加金附蝉九,首施珠翠缨,翠缕,犀簪导。"

图 1-67　远游冠

斩者,不缉也。斩衰裳者,谓斩三升苴麻之布,以为衰裳也……不言裁割而言斩者,取痛甚之意……斩衰既用苴麻,则首绖、腰绖及杖亦用苴麻、苴竹为之。

图 1-68　斩衰衣、斩衰裳、斩衰

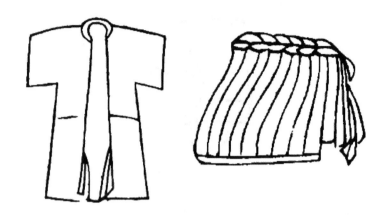

疏衰裳，齐者。疏，犹粗也。齐者，缉也。此齐衰三年章，以轻于斩，故次斩后。

图 1-69　齐衰衣、齐衰裳

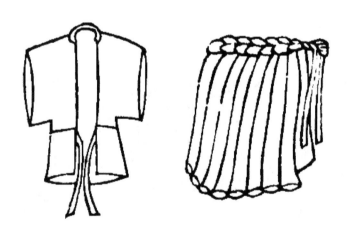

大功布衰裳，牡麻绖，无受者。此直言绖，不言缨绖者，以其本服齐、斩，今为殇死，降在大功者，故次在正大功之上，义齐衰之下。

图 1-70　大功布衰、大功布裳

穗衰裳，牡麻绖，既葬除之者，诸侯之大夫为天子服也。

图 1-71　穗衰衣、穗衰裳

殇小功，布衰裳，澡麻带绖，五月。注云："澡者，治去莩垢，不绝其本也。"

图 1-72　殇小功

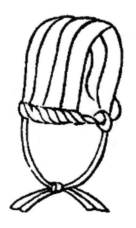

　　缌麻三月者，此章，五服之内轻之极者，故以缌麻布缕细如丝者为衰裳，又以澡治莩垢之麻为绖带，故曰缌麻……缌冠，《杂记》曰："缌冠，澡，缨。"

图1-73　缌冠澡缨

《事林广记》

作者陈元靓，南宋末年建州崇安（今属福建）人。陈元靓可能是建阳（今属福建）麻沙书坊雇用的编书人，他收录元以前各类图书编纂而成的《事林广记》，是中国第一部配有插图的类书。现存《事林广记》共有六个版本，是日用百科全书型的古代民间类书。它的特点有二：

1. 包含较多的市井状态和生活材料。例如收录当时城市社会中流行的"切口语"、各种诉状的写法以及运算用的"累算数法""九九算法"等。

2. 插图很多。其中的《北双陆盘马制度》《圆社摸场图》等，是对宋代城市社会生活情景的生动描绘。它开辟了后来类书图文兼重的先河，明代的《三才图会》、清代的《古今图书集成》都受其影响。

该书问世以后，在民间流传很广，自南宋末到明代初期，书坊不断翻刻。每次翻刻，又都增补一些新内容。如"历代纪年"一门，元朝的翻刻本增添了元朝初期的帝号，明初的翻刻本又延续到元朝覆亡为止。疆域和官制，也因改朝换代在各个版次中有所反映。

《事林广记》一书，在服装方面的展示，有十二章纹、深衣、冠饰图等。冠饰图包括弁、笄、介帻、委貌、毋追、章甫等饰样。每图各个局部不只说明名称，更标记尺寸。从创绘层面显然意在引导具体缝制。或许，山雨欲来风满楼，异族不断入侵，即将灭族的危机感，使作者有了从服饰层面文化自卫的紧迫感。而后随着时势的推移，不断的翻刻更强化了这一文化立场。图注为编著者所添加。

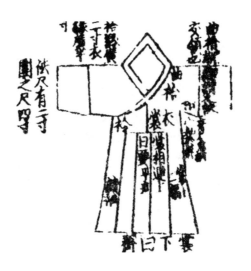

上衣下裳连属，曲裾，交领也。

图 1-74　深衣前图

深衣后片款式尺寸。

图 1-75　深衣后图

二、元代典籍中的服饰图谱

《五服图解》

作者龚端礼，字仁夫，嘉兴（今属浙江）人。龚家有家传《五服图》，龚氏在此基础上，又搜求古今诸礼图书六十余家，编成《五服文集》，后又作《五服图集》二册。其后又将二书合一，以五服列五门，分章作图，阐释其意，逐一辩证，成为《五服图解》。

五服的含义颇为广泛，此处指古代以亲疏为差等的丧服制度，即以分为斩衰、齐衰、大功、小功、缌麻五个层级而称五服。此书最早为元泰定元年（1324）杭州路儒学刻本。

《五服图解》中对丧服图的描述侧重于服饰裁制。如有裁衽图、丧服图、加领于前衣图、加领于后衣图等，详细描述了丧服制作的尺寸，意在引导传统款式制作。图注为酌选原图文字而添加。

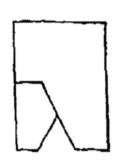

上正一尺，下正一尺，斜裁。

图 2-1　裁衽图

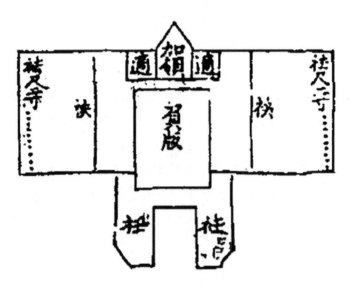

款式尺寸：负版，袂、衽、祛皆尺二寸。

图 2-2　加领于后衣图

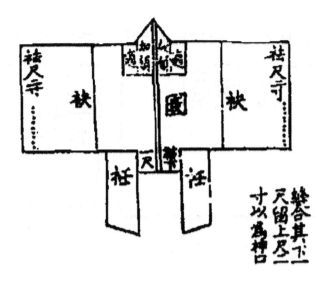

縫合其下一尺，留上尺二寸以为袖口。

图 2-3　加领于前衣图

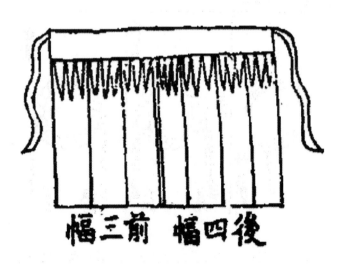

前三幅，后四幅。

图 2-4　裳制

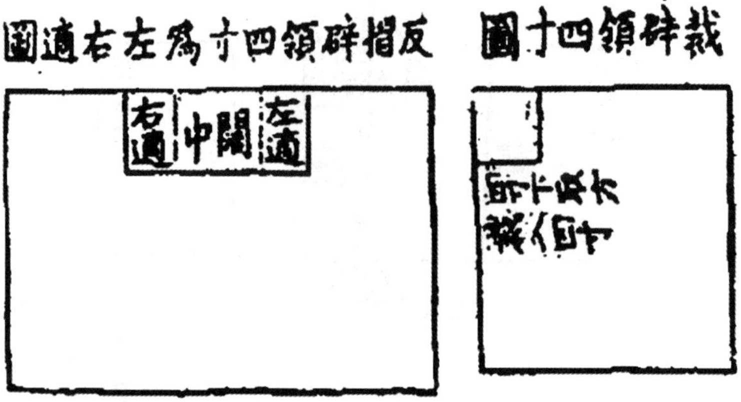

图 2-5　丧服图式

剪裁裁辟领与反折辟领示意图。

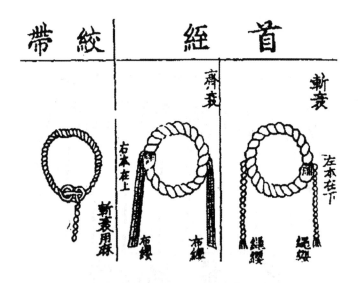

首绖，以麻制成，环形，戴于头上。绞带，斩衰服所系之带，绞麻为绳而成。

图 2-6　首绖、绞带

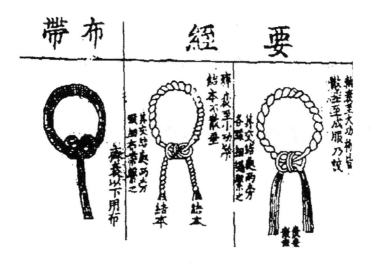

要绖，缚在腰间的麻带。

图2-7　要绖、布带

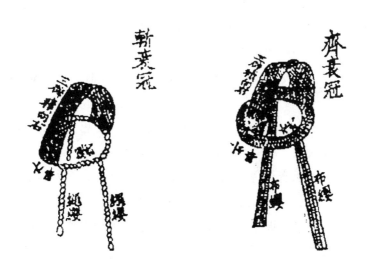

斩衰冠，着斩衰服者所戴之冠。齐衰冠，着齐衰服者所戴之冠。

图2-8　斩衰冠、齐衰冠

三、明代典籍中的服饰图谱

《三才图会》

　　《三才图会》又名《三才图说》，为明王圻与其子王思义所撰百科式图录类书。书成于明万历年间，共一百零六卷。所谓"三才"，即"天""地""人"。

　　该书分天文、地理、人物、时令、宫室、器用、身体、衣服、人事、仪制、珍宝、文史、鸟兽、草木十四门。前三门为王圻所撰，时令以下十一门，为王思义所撰。全书又经王思义以十年之力详核，始成大观。每门之下分卷，条记事物，取材广泛。所记事物，先有绘图，后有论说，图文并茂，互为印证。该书为形象地了解和研究明代的宫室、器用、服制和仪仗制度等提供了大量资料。

　　书中图谱多取之于他书，间有冗杂、虚构之弊。涉及的服装图有帝王冕服、后妃服，以及冠、帽、巾等头饰和深衣前后图。图注酌选原图文字。

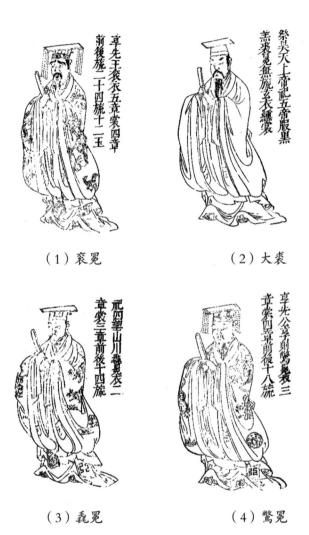

祭昊天上帝祀五帝服黑羔裘冕无旒玄衣纁裳

享先王衮衣五章裳四章前后旒二十四旒十二玉

（1）衮冕　　　　（2）大裘

祀四望山川毳冕衣二章裳三章前后十四旒

享先公享射则鷩冕衣三章裳四章前后十八旒

（3）毳冕　　　　（4）鷩冕

（1）衮冕，享先王，衮衣五章，裳四章，前后旒二十四旒，十二玉。
（2）大裘，祭昊天上帝、祀五帝，服黑羔裘，冕无旒，玄衣纁裳。
（3）毳冕，祀四望山川，毳冕衣二章，裳三章，前后十四旒。
（4）鷩冕，享先公、享、射，鷩冕衣三章，裳四章，前后十八旒。

图3-1

鞠衣色黄后告桑之服

（1）鞠衣

鞠狄色赤刻缯为翟后从王祭群小祀之服

（2）阙狄

禄衣色黑后进御见王之服

（3）褖衣

展衣色白后以礼见王及宾客之服

（4）展衣

（1）鞠衣，色黄。
（2）阙狄，色赤。
（3）褖衣，色黑。
（4）展衣，色白。

图 3-2

深衣前图、深衣掩袷图。

图 3-3　深衣

《五经图》

著者佚名。版本渊源与流传过程颇为复杂曲折。《四库全书》中所收录的，是清雍正年间依据明章达原本所重刻。而章达本序中则称来自卢谦在信州铅山所获得，世称鹅湖石刻本。后来官至江西布政使参政的卢谦，获得此书时为永丰县知县，而刻印者章达则是庐江知县。而此书新序则称与信州石本对校，多所不同。增删中便多了窜乱之处。况原本兼以图示《周礼》，因此名为"六经"。此书仍存《周礼》诸图，却改题"五经"，名实略微相悖。诸经缩略，各图杂列其间，又大图之间隙填补以小图，毫无体例可言。

值得注意的是，《五经图》服装绘制风格和样式虽说与《三才图会》较为类似，但服装图较少，且天子冕服图、后服图、臣冕服图均在一页之内，图示较小，细处不可观，不无粗糙之嫌。但为什么明代刻印之后，清代还一再刻印呢？或许奥秘在于，虽说明代抵御异族服饰、恢复汉族服饰的律令一直高高在上，但民间服饰因近百年的沿袭，执行得并非那么一致和彻底；而有清一代，另一异族统治者来了，且以性命交关的服饰说立场论黑白。于是乎，明代刻制此书，如此绘制服装画，意在提醒扫除异族服饰余痕；而清代再印，则除了追溯传统的自觉，更有着抗议强加于身的异族新款的蕴意。这是社会精英借服饰的立场宣示，内容彼此熟知，无须工笔勾勒，只轻轻描绘一下，如大小写意，虽显朦胧而自有余味。图注为编著者所添加。

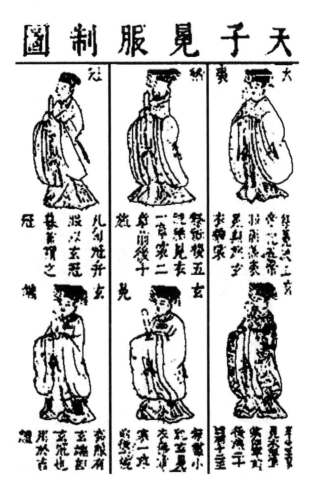

大裘、旒、冠、玄、玄冕、玄端规制。

图 3-4　天子冕服制图

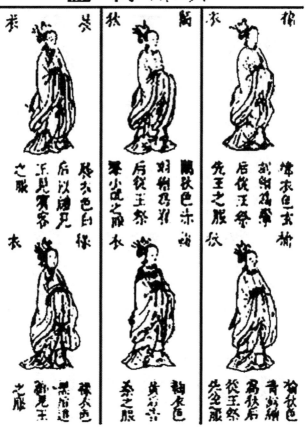

后服制图

祎衣、阙狄、展衣、褕狄、鞠衣、褖衣规制。

图 3-5　后服制图

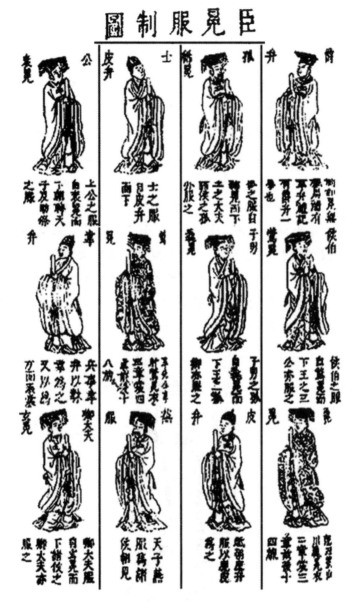

　　鷩冕、韦弁、爵弁、孤絺冕、士皮弁、公衮冕、毳冕、皮弁、
燕服、卿大夫玄冕、侯伯鷩冕、子男毳冕。

图 3-6　臣冕服制图

《八编类纂六经图》

此版本《六经图》，原出《经济八编类纂》，明陈仁锡编，《六经图》乃宋杨甲撰、毛邦翰补。明天启六年（1626）刊，六十册，图二卷。附《六经图》六卷八册，即此书。流传坊间的此系统的书有《五经图》《六经图》《七经图》等，而此《六经图》的版本亦颇多。

陈仁锡（1581—1636），明代官员、学者。字明卿，号芝台，长洲（今江苏苏州）人。天启二年（1622）进士，授翰林编修，因得罪权宦魏忠贤被罢职。崇祯初复官。陈仁锡讲求经济，性好学，喜著述，有《四书备考》《经济八编类纂》《重订古周礼》等。

此《八编类纂六经图》服装图较多，且绘制风格独特。亦有十二章纹、帝王后妃冕服以及冠饰，皆图文相应。图注为编著者所添加。

《周礼·司服》："王之吉服，祀昊天上帝，则服大裘而冕；祀五帝，亦如之。"其冕无旒，玄衣纁裳。

图 3-7　大裘

《周礼·司服》："享先公、飨、射，则鷩冕。"七章之服。

图 3-8　鷩冕

《周礼·司服》："祭社稷，五祀，则希冕。"三章之服。

图 3-9　绨冕

《周礼·司服》："凡兵事，韦弁服。"注曰："韦弁以韎韦为弁，又以为衣裳。"

图 3-10　韦弁

《周礼·司服》："享先王，则衮冕。"制广八寸，长尺六寸，前后共二十四旒，每旒各十二玉。

图 3-11　衮冕

《周礼·司服》："祀四望山川，则毳冕。"五章之服。

图 3-12　毳冕

《周礼·司服》："祭群小祀，则玄冕。"一章之服。

图 3-13　玄冕

《周礼·司服》："眠（视）朝，则皮弁服。"服白鹿皮为冠也。

图 3-14　皮弁

　　衮冕，天子祭祀时所穿绣有龙形之礼服。亦用作上公礼服，唯纹饰有别。天子冕冠十二旒，冕服十二章；上公降等，十二旒，九章；天子有升、降龙，上公只用降龙。

图 3-15　上公衮冕

《周礼·司服》:"祀四望山川,则毳冕。"为天子及诸臣礼服。汉魏唐宋历代沿用。北周为诸臣之服,唐用于三品官吏,宋为诸臣祭服,其制代有损益。

图 3-16　子男毳冕

玄冕,天子及诸臣礼服。其制出商周。《周礼·司服》云:"卿大夫之服,自玄冕而下,如孤之服。"诸侯之卿大夫亦服之。至唐则为五品祭服,宋为诸臣祭服。

图 3-17　卿大夫玄冕

《士冠礼》："皮弁服，素积、缁带、素韠。"郑玄注："皮弁者，以白鹿皮为冠，象上古也。"宋绵初《释服·皮弁服》："大夫、士以素缯为衣，《论语》谓之素衣，《礼记》谓之缟衣，亦皮弁服也。其裳绢素为之，上下并同。"

图 3-18　士皮弁

《周礼·司服》："其齐服有玄端、素端。"《周礼正义》："《玉藻》云：天子玄端而朝日于东门之外，卒食玄端而居。"

图 3-19　玄端

《周礼·司服》："侯伯之服，自鷩冕而下，如公之服。"
王之三公亦服之。

图 3-20　伯侯鷩冕

絺冕，天子及公侯礼服。《周礼·司服》："孤之服，自希冕而下，
如子男之服。"王之大夫亦服之。北周效仿周礼，以此为贵族礼服。
唐用为天子祭服，又作四品之服。宋用作诸臣祭服。

图 3-21　孤絺冕

《太平御览》卷六八六引《三礼图》："爵弁，士助君祭之服，以祭其庙，无旒。"

图 3-22　爵弁

诸侯坐朝议政之服，由祭服演变而来。卫宏《汉旧仪补遗》卷下："孝文皇帝时，博士七十余人，朝服元端，章甫冠。"《宋史·舆服志四》："朝服：一曰进贤冠，二曰貂蝉冠，三曰獬豸冠，皆朱衣朱裳。"

图 3-23　诸侯朝服

　　服饰等级标志，依次为：日、月、星辰、群山、龙、华虫、宗彝、藻、火、粉米、黼、黻。

　　日、月、星辰，取其照临；山，取其稳重；龙，取其应变；华虫（一种雉鸟），取其文丽；宗彝（一种祭祀礼器，后来在其上绘以虎蜼），取其忠孝；藻（水草），取其洁净；火，取其光明；粉米，取其滋养；黼（斧形），取其决断；黻，取其明辨。

图 3-24　十二章纹

《汝水巾谱》

明朱卫玽撰。朱卫玽，字均焉，自号汝水居士。由辅国中尉换授镇江府通判，迁户部主事。

此书载明及前朝巾式凡三十二图，自华阳巾以下十三种，或采古书，或征画籍，而仿为之。然叙次多舛略，如折上巾、葛巾、幅巾，其尺幅形制，皆可考见，乃略而不叙。又明制本有软巾诸色，及俗尚之凌云等巾，亦俱失于登载。至贝叶巾以下十九种，则史无前例，当是有意创新而为之。图注为编著者所添加。

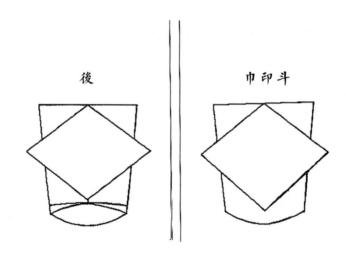

斗印巾前后示意图。此巾用唐巾加印幅于前后，如好事者以方巾为之充奇。

图 3-25 斗印巾

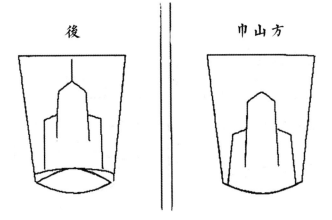

方山巾前后示意图。古代儒者所戴软帽。

图 3-26　方山巾

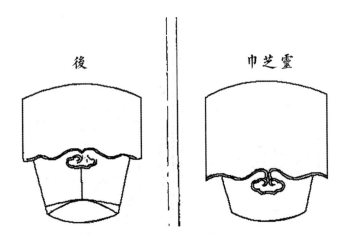

灵芝巾前后示意图。

图 3-27　灵芝巾

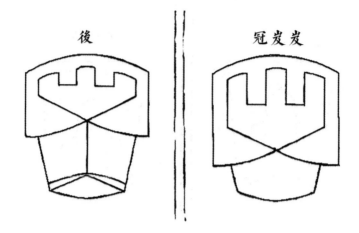

後　　　　　　　　　冠岌岌

岌岌冠前后示意图。岌，山高貌。

图 3-28　岌岌冠

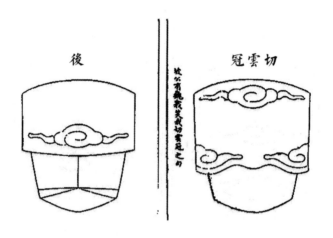

後　　　　　　　　　冠雲切

切云冠前后示意图。切云，上与云齐，形容极高。

图 3-29　切云冠

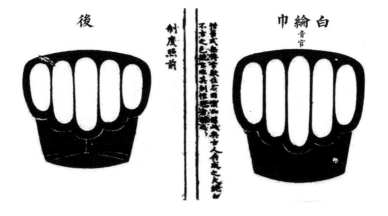

白纶巾前后示意图。

图 3-30　白纶巾

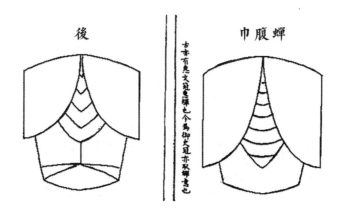

蝉腹巾前后示意图。

图 3-31　蝉腹巾

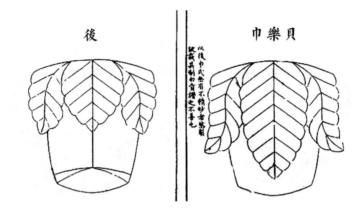

貝叶巾前后示意图。

图 3-32 贝叶巾

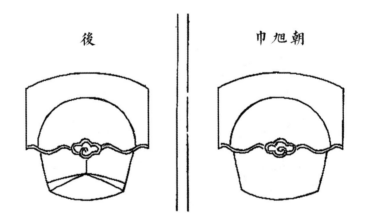

朝旭巾前后示意图。

图 3-33 朝旭巾

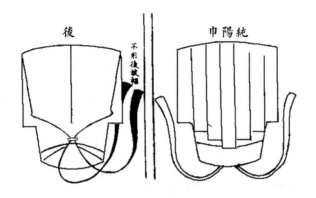

纯阳巾前后示意图。为明代一种巾式，巾顶有寸帛折叠，如竹简垂于后，巾上有盘云纹样。传说仙人吕纯阳戴此巾，故名。明儒者、生员、士大夫子弟所戴。

图 3-34 纯阳巾

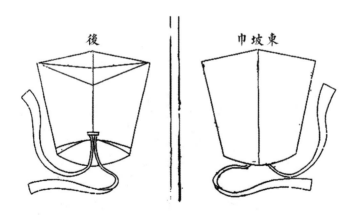

东坡巾前后示意图。宋代苏东坡常戴，故名。又名"乌角巾"。此巾分为两层，内层四面为长方形，外层比内层低，前面正中开口，巾角位于两眉之间。

图 3-35 东坡巾

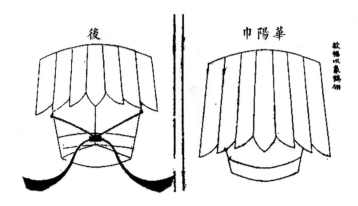

华阳巾前后示意图。宋代巾式之一。据载，宋初隐士陈抟曾戴华阳巾见宋太宗。

图 3-36　华阳巾

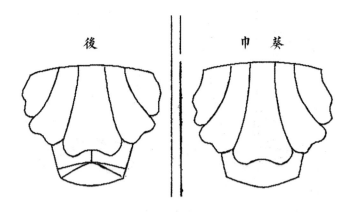

葵巾前后示意图。

图 3-37　葵巾

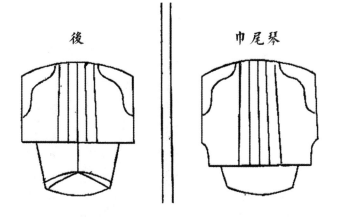

琴尾巾前后示意图。

图 3-38 琴尾巾

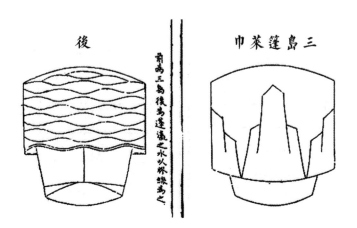

三岛蓬莱巾前后示意图。

图 3-39 三岛蓬莱巾

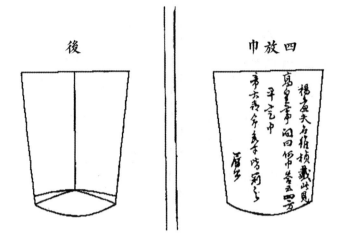

四方巾前后示意图。

图 3-40　四方巾

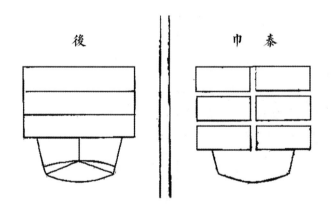

泰巾前后示意图。

图 3-41　泰巾

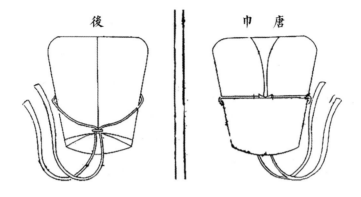

後　　巾唐

唐巾前后示意图。宋代常用巾式之一。唐巾特点是软巾式，并有两根垂带在脑后，亦有四带式的，四带唐巾亦称"幞头"。

图 3-42　唐巾

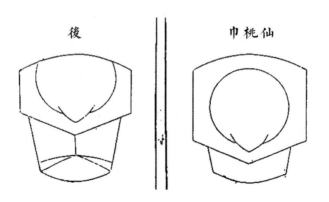

後　　巾桃仙

仙桃巾前后示意图。

图 3-43　仙桃巾

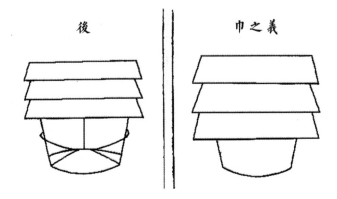

義之巾前后示意图。

图 3-44　义之巾

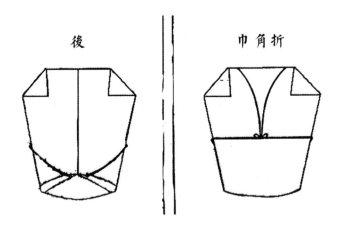

折角巾前后示意图。

图 3-45　折角巾

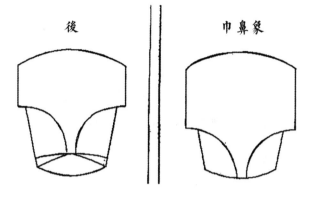

象鼻巾前后示意图。

图 3-46 象鼻巾

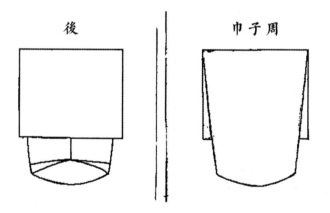

周子巾前后示意图。

图 3-47 周子巾

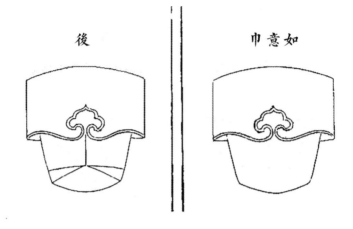

如意巾前后示意图。

图 3-48 如意巾

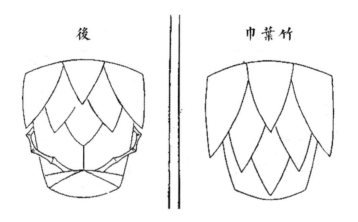

竹叶巾前后示意图。

图 3-49 竹叶巾

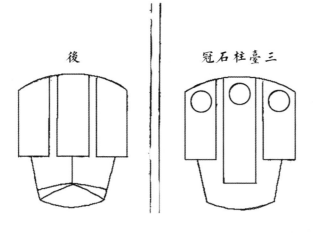

三台柱石冠前后示意图。

图 3-50　三台柱石冠

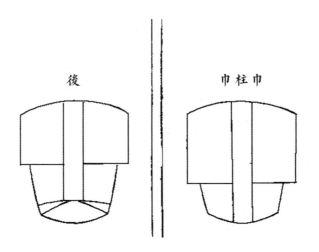

天柱巾前后示意图。

图 3-51　天柱巾

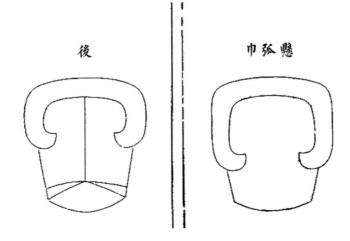

後　　　　　　　巾弧懸

悬弧巾前后示意图。

图 3-52　悬弧巾

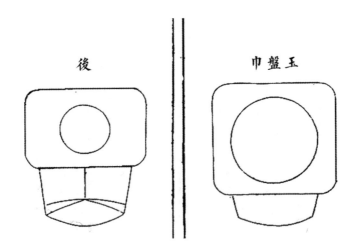

後　　　　　　　巾盤玉

玉盘巾前后示意图。

图 3-53　玉盘巾

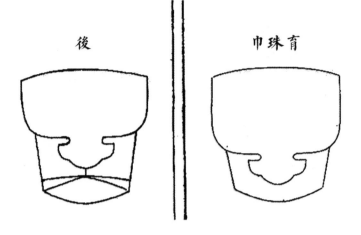

育珠巾前后示意图。

图 3-54　育珠巾

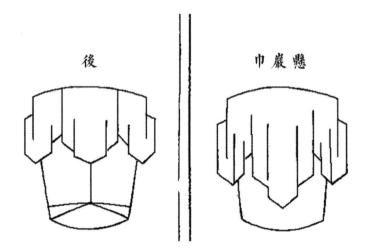

悬岩巾前后示意图。

图 3-55　悬岩巾

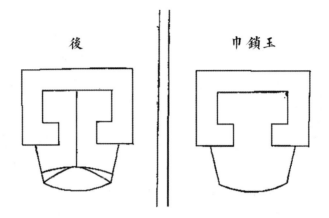

玉锁巾前后示意图。

图 3-56　玉锁巾

《明集礼》

即《大明集礼》。《明典汇》载，明洪武二年（1369）八月，诏儒臣修纂礼书。徐一夔、梁寅、刘于、周於谅、胡行简、刘宗弼、董彝、蔡琛、滕公琰、曾鲁同奉敕撰。洪武三年（1370）九月书成，名《大明集礼》。其书以吉、凶、军、宾、嘉、冠服、车辂、仪仗、卤簿、字学、乐为纲。所称五十卷者，或洪武原本。而今所存五十三卷，乃嘉靖中刊本，因取诸臣传注及所诠补者纂入原书，故多出三卷。

或许重铸服饰历史的使命感以及恢复华夏传统自觉意识的融入，使得《明集礼》中的服装画格外清晰雅致。书中对诸王冠服、侍仪舍人冠服、校尉冠服、刻期冠服、士庶冠服、皇后冠服、内外命妇冠服、士庶妻冠服等都有详细规制，绘有礼服、冠、巾、配饰等平面款式，款式图以工整的线条准确细致地表现了服饰形制及图纹比例和装饰部位。图注为编著者所添加。

袞服，简称袞，古代天子及上公礼服，与冕冠合称为袞冕，是古代最尊贵的礼服之一。为天子在祭天地、宗庙及正旦、冬至、圣节等重大庆典活动时所穿。

图 3-57　袞服

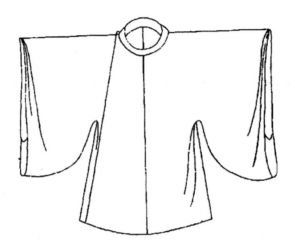

公服，明代官服，重大公务活动时穿着。戴展脚幞头，用圆领袍。袍制均为右衽大袖，袖宽三尺。材料用纻丝或用纱罗绢。

图 3-58　公服

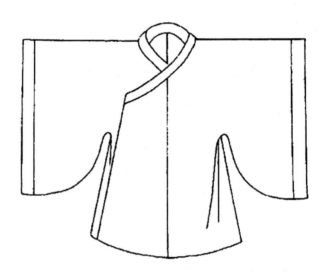

深红色纱袍，古代常用为朝服。

图 3-59　绛纱袍

明代内外命妇礼服。

图 3-60　胸背花盘领大袖衫

　　赤黑色上衣。天子、贵臣祭祀之衣。古代认为天玄地黄，故以玄色为上衣，黄色或纁色为下裳。衣裳皆绘绣有不同章纹，以别尊卑。制出商周。

图 3-61　玄衣

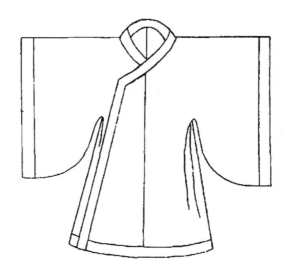

祭服、朝服的里衣，古称中衣。自唐以后，渐趋简易，变通其制，腰无缝，下不分幅，故称中单。

图 3-62　中单

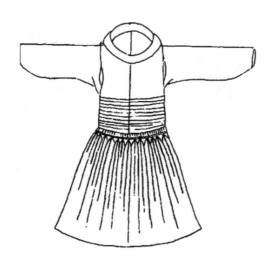

圆领、窄袖袍，腰间缝以辫线宽围腰，下摆部分折成密裥。

图 3-63　腰线袄子

佩戴于朝服交领上用白罗所制成的饰件,上圆下方,形似璎珞,宋代朝服特色之一。

图 3-64　方心曲领

周礼所记命妇六服之一,后妃祭服"三翟"中最隆重之一种。

图 3-65　袆衣

《明会要》："（皇后凤冠为）九龙四凤冠，漆竹丝为圆框，冒以翡翠，上饰翠龙九金凤四，正中一龙衔大珠一，上有翠盖，下垂结珠，余皆口衔珠滴。珠翠云四十片，大珠花十二树，小珠花如大珠花三数。"

图 3-66　皇后冠　九龙四凤冠

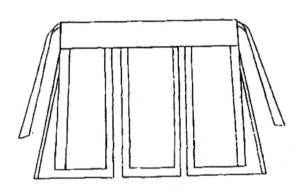

下裳，后专指裙子。通常以五幅、六幅或八幅布帛拼制而成，上连于腰。

图 3-67　裙

葵花腰带。

图 3-68　葵花束带

系结印玺之彩色丝织物。亦指官印及绾印之祖的合称。

图 3-69　绶

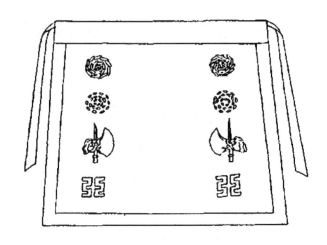

遮蔽下体之服，其制出现于远古时期。

图 3-70　裳

系结于衣带装饰品之统称。

图 3-71　佩

黑色纱帽。始于南北朝，后世多用为冠帽。

图 3-72　乌纱帽

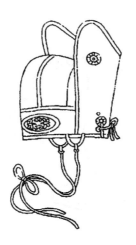

也称"一梁"。只有一道横脊之礼冠，属于官员服用梁冠中品级最低者。

图 3-73　一梁冠

宋明时期三公亲王侍祠及大朝会时朝服冠饰。冠额饰有玳瑁蝉，两侧缀有白玉蝉，左侧插有貂尾。

图 3-74　笼巾

乌皮黑缎鞋子。黑色高帮，白色厚底，多用作男子常服。

图 3-75　皂靴

四、清代典籍中的服饰图谱

《深衣考》

撰者黄宗羲（1610—1695），浙江余姚人。黄宗羲一生著述浩繁，亦有与时代对话之作，大致依史学、经学、地理、律历、数学、诗文杂著为类，多至五十余种。"剃发易服"是清初主要的社会矛盾之一。时人陈名夏曾说过："留发复衣冠，天下即可太平。"然不久他因为此语而被满门抄斩。顺治五年（1648），剃发降清的金声桓与清巡抚章于天宴会听戏，声桓曰："毕竟衣冠文物好看。"章遂上疏劾金有反状。在如此高压统治下，黄宗羲将《深衣考》附在其《易学象数论》后一起刊印，应别有意味。清朝文化审查官在《深衣考》字里行间找不出什么毛病，可是他们大诟于黄宗羲的不同以往："且袂口半缝之制，《经》无明文，又不知宗羲何所据也。宗羲经学淹贯，著述多有可传。而此书则变乱旧诂，多所乖谬。"（《四库全书总目提要》）《深衣考》共绘有深衣图、裁衽图五幅。

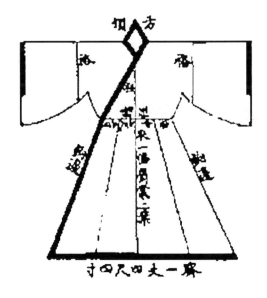

图 4-1 深衣前片裁衽图

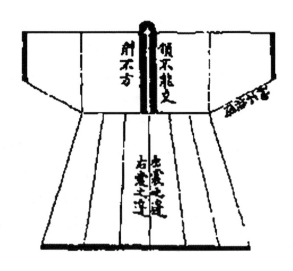

图 4-2 深衣裁衽图

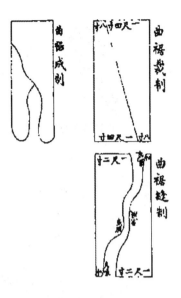

图 4-3　曲裾裁制、缝制与成制

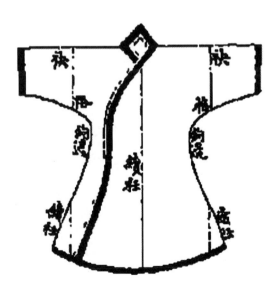

图 4-4　裁衽图（1）

图 4-5　裁衽图（2）

《朱氏舜水谈绮》

朱之瑜（1600—1682），字楚屿，又字鲁屿，号舜水，出生于浙江余姚。当清军铁骑长驱南下之际，他曾追随鲁王为抗清而奔波，又参与郑成功、张苍水的北伐战争。曾流寓日本二十余年，讲学以终。其德行学问赢得日本学界的礼遇与敬重，被尊为"胜国宾师"，或称"日本的孔子"。

据资料，有弟子将过去舜水"所问简牍素笺之式，质深衣幅巾之制，旁及丧祭之略"，翔实记载，送朱舜水。舜水"览而善之"，以为可以整理刻印，"补其遗漏，以行于世"。这就是今人看到的《朱氏舜水谈绮》。其印本为公元1708年（日本宝永五年，中国清朝康熙四十七年），由书林茨城多左卫门寿梓、神京书铺柳枝轩茨城方道藏版所刻。全书计上、中、下三卷，分装元、亨、利、贞四册，卷首有公元1707年（日本宝永四年）丁亥仲冬水户府下澹泊斋安积觉序。难能可贵的是，《朱氏舜水谈绮》中有一些极珍贵的服饰资料，其中有野服图、道服图和披风图等。图注为编著者所添加。

村野平民服装，绘有衣身、袪、袂、带。

图 4-6　野服前图

村野平民服装后背款式图。

图 4-7　野服后图

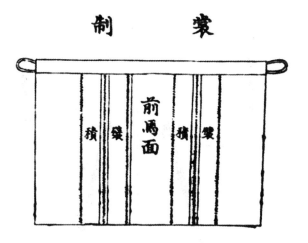

前中为前马面，左右襞积。

图 4-8 裳制图

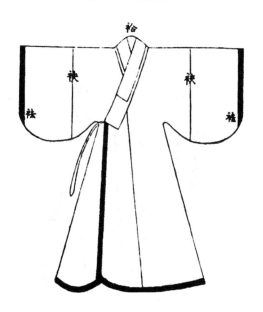

道服，一专指道教徒所穿衣服，二指僧道法服。以白色、褐色等布帛为之，制如深衣，长至膝，领袖襟裾缘以黑边。

图 4-9 道服前图

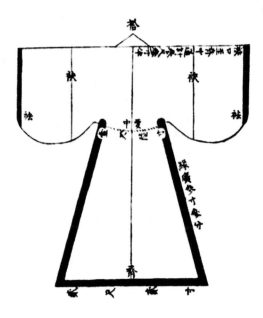

图 4-10　道服后图

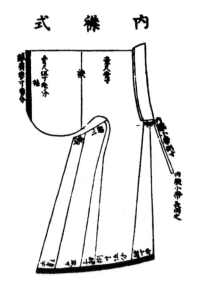

图 4-11　内襟式

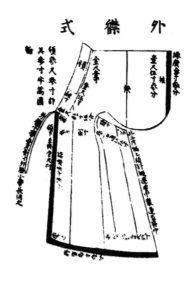

图 4-12　外襟式

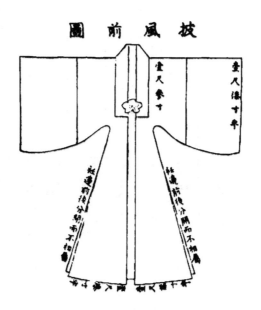

披风袖口肥大，衽边前后分开而不相属。

图 4-13　披风前图

《朱子六经图》

清江为龙辑。江为龙，桐城人。康熙庚辰进士，官吏部主事。他在序中说："凡经中之度数、名物其意义深远，形器罕见者，一一图之，或疏其义，或象其形。"从而为依图索义、理解经文提供了方便。此书服饰图绘制十分简略随意，冕服不见有章纹绘制。或许作者初心就在于其"意义深远"，而不在图示清晰来引导款式制作。图注为编著者所添加。

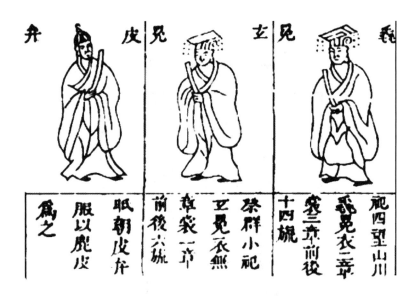

此书冠冕图颇简略，或仅作示意图罢了。

图 4-14　冠冕图

《古今图书集成》

《古今图书集成》，原名《文献汇编》，或称《古今图书汇编》，原系清康熙皇三子胤祉奉康熙之命与侍读陈梦雷等编纂的一部大型类书。陈梦雷（1650—1741），翰林院编修，字则震，号省斋、天一道人，晚号松鹤老人。福建闽县人，著名学者，文献学家。此书康熙赐名，雍正写序，开始于康熙四十年（1701），印制完成于雍正六年（1728），历时两朝二十八年，采集广博，内容丰富，正文一万卷，目录四十卷。或许不无重构历史、刷新既往，获得历史合法性的意图。全书按天、地、人、物、事次序展开，规模宏大，分类细密，举凡天文地理、人伦规范、文史哲学、自然艺术、经济政治、教育科举、农桑渔牧、医药良方、百家考工等，无所不包，图文并茂，因而成为查找古代资料文献的十分重要的百科全书。

《古今图书集成》中有补子图、王侯公服、后服、冠冕和衣裳图等。清代文官的补服图案和明代大同小异。一品为仙鹤，二品为锦鸡，三品为孔雀，四品为云雁，五品为白鹇，六品为鹭鸶，七品为鸂鶒，八品为鹌鹑，九品为练雀。清代武官的补服图案比明代的要更为详细，一品为麒麟，二品为绣狮，三品为绣豹，四品为绣虎，五品为绣熊，六品为绣彪，七品为绣犀牛，八品也是绣犀牛，九品是绣海马。图注为编著者所添加。

　　一品为仙鹤，二品为锦鸡，三品为孔雀，四品为云雁，五品为白鹇，六品为鹭鸶，七品为䴔䴖，八品为鹌鹑，九品为练雀。

图4-15　文官补子

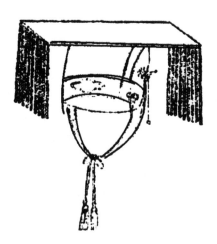

  旒冕，古代王公所戴的一种礼帽。《宋史·舆服志》："九旒冕：涂金银花额，犀、玳瑁簪导……亲王、中书门下，奉祀则服之。"

图 4-16　九旒冕

  周礼规定天子、诸侯、大臣所戴冠帽的一种，主要用于天子视朝、诸侯告朔。长七寸，高四寸，制如覆杯。制作时先将鹿皮分作数瓣，再以针线缝合。冠顶内另施象骨为扺。拼缝之间凸出部分，名"会"。会中贯有五彩玉饰，名"璂"。璂的数量、颜色等视身份而别。具体款式因时代而有所差异。

图 4-17　皮弁

交脚出现于宋代，多为武官巾帽。

图 4-18　交脚幞头

其式样有直角、局脚、交脚、朝天、顺风等，身份不同，式样也不同。天子或官僚所戴的展脚幞头，两脚向两侧平直伸长；身份低的公差、仆役则多戴无脚幞头。

图 4-19　展脚幞头

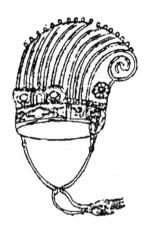

也称高山冠，天子所戴的一种帽子。《后汉书·舆服志下》："通天冠，高九寸，正竖，顶少邪（斜）却，乃直下为铁卷梁，前有山，展筒、为述，乘舆所常服。"

图 4-20　通天冠

制如通天冠，有展筒横于前，无山述。山述，即在梁与展筒之间，高起如山形者。诸王所戴，有五时服备为常用，即春青、夏朱、季夏黄、秋白、冬黑（采用五行之色）。西汉时为四时服，春青、夏赤、秋黄、冬皂。远游冠汉以后历代都有沿用，至元代始废。

图 4-21　远游冠

　　原是民间常见的一种便帽，官员头戴乌纱帽起源于东晋，作为正式"官服"组成部分，始于隋朝，兴盛于唐朝，到宋朝时加上了双翅。乌纱帽按照官阶在材质和式样上有别。明以后，乌纱帽遂为做官为宦之代称。

图 4-22　乌纱帽

　　天子穿常服时所戴，其样式与乌纱帽基本相同，唯左右二脚折之向上，竖于纱帽之后。

图 4-23　乌纱折上巾

多用袍衫，其制为大襟，右衽，宽袖，下长过膝。常见纹饰为团云蝙蝠中嵌字形；另有一抽象图纹，以莲花、忍冬或牡丹为础型，变形夸张并穿插一些枝叶花苞，此式明末清初颇流行。

图 4-24　宝相花裙袄

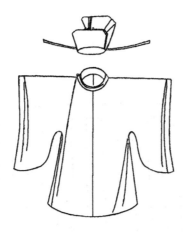

幞头，唐始流行的有翅巾帽。翅有软硬之分。唐多为软脚，宋明官服搭配硬翅幞头。公服，为官臣、吏士履行公事或接见宾客时穿用，仍是宽衣大袖，以交领形式为多，领、袖、裾有缘边，但纹饰简约，无朝服华丽尊仪。

图 4-25　幞头、公服

简称衮，古代天子及上公所穿礼服。与冕冠合称为衮冕，古代最尊贵的礼服之一。为天子在祭天地、宗庙及正旦、冬至、圣节等重大庆典活动时所穿。

图 4-26　衮服

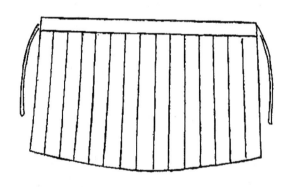

红罗裳是与绛纱袍等配合通天冠的天子服饰，冬至、朝日、拜王公、元会诸典时所穿。

图 4-27　红罗裳

王后祭服。《周礼·天官·内司服》："掌王后之六服：袆衣、揄狄、阙狄、鞠衣、展衣、褖衣。"郑玄注："从王祭先王，则服袆衣。"《释名·释衣服》："王后之上服曰袆衣，画翚雉之文于衣上也。"翚雉，五彩野鸡。

图 4-28　袆衣

深红色纱袍，古代常用为朝服。

图 4-29　绛纱袍

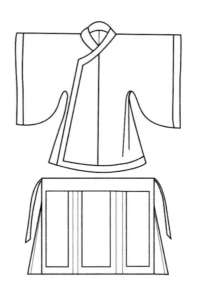

天子、后妃及诸臣百官东郊春祭等时节所穿礼服。

图 4-30　青衣裙

　　盘领衣，明代公服，常服大多为高圆领、缺胯，或在衣裾两
侧有插摆，袖多宽袖或大袖。

图 4-31　乌纱帽、盘领衣

霞帔为宋以来贵妇命服，类似现代披肩。式样纹饰随品级高低而有所区别。

图 4-32　霞帔

元衣即玄衣，赤黑色上衣，天子、贵臣祭祀之衣。古代认为天玄地黄，故以玄色为上衣，黄色或纁色为下裳。衣裳皆绘绣有不同章纹，以别尊卑。

图 4-33　元衣

祭服、朝服的里衣，古称中衣。自唐以后，渐趋简易，变通其制，腰无缝，下不分幅，故称中单。

图 4-34　中单

一种御寒棉衣，男女均可穿着。缀有衬里，长度介于袍襦之间的上衣，一般外穿。

图 4-35　袄子

一种对襟短袖上衣，通常用织锦制成，长仅至腰际，两袖宽大而平直，仅到肘部。

图 4-36　半臂

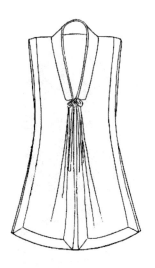

一种短袖上衣，宋明时期妇女礼见宴会时所常穿礼服。对襟、直领，两腋开衩，下长过膝，衣袖有宽窄二式。

图 4-37　褙子

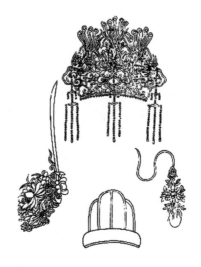

冠髻、钗簪与耳环。

图 4-38　冠髻钗环

僧人所穿法服，即袈裟。

图 4-39　僧衣

《皇朝礼器图式》

《皇朝礼器图式》，十八卷，目录一卷。清允禄、蒋溥等奉敕初纂。允禄，康熙第十六子。蒋溥（1708—1761），江苏常熟人，画家，雍正年状元，官至东阁大学士兼户部尚书。该书于乾隆二十四年（1759）完成。清福隆安、王际华等奉敕补纂。福隆安，满洲镶黄旗人，乾隆驸马，兵部、工部尚书，担任《四库全书》总裁官。王际华（1717—1776），浙江钱塘人，藏书家、文献学家，乾隆年进士，任《四库全书》总阅、总纂等。

《皇朝礼器图式》内有帝王臣子礼服、常服、冠帽等若干图画。图注为编著者所添加。

清代皇帝冠饰之一，冬冠檐以海龙、熏貂或紫貂皮为质。

图 4-40　冬常服冠

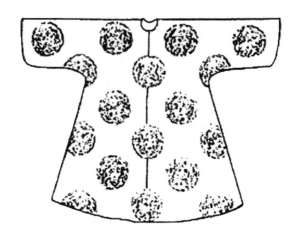

清代皇帝日常燕居时所穿的一种褂子。色用石青，圆领，对襟，袖端方平，不缀补子，下摆左右各开一衩，衩高及膝。

图4-41　皇帝常服褂

为圆领右衽大襟式长袍，窄袖有马蹄袖端，前后左右四开裾，装饰方式均为素织暗花纹，通身无彩色织绣图案。一般政务场合穿着。

图4-42　皇帝常服袍

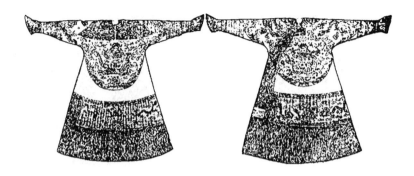

有两种形制：一种披领及裳，表面用紫貂，袖端用薰貂，两肩、前后绣正龙各一，襞积绣行龙六。另一种披领及袖用石青片金加海龙缘，两肩、前后绣正龙各一，腰帷绣行龙五，衽衣襟处绣正龙一，襞积前后绣团龙各九。

图 4-43　皇帝冬朝服

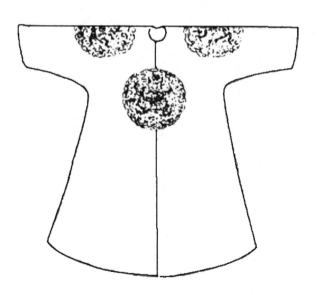

衮服，清代皇帝礼服与吉服之外褂。

图 4-44　皇帝衮服

清代皇帝吉服袍,为圆领右衽大襟、马蹄袖端、四开裾式长袍,明黄色。

图 4-45　皇帝龙袍

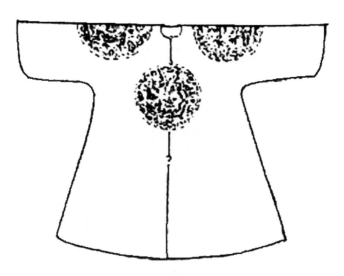

清代皇太子礼服之一。石青色对襟长褂,褂上绣五爪正面金龙四团,间以五色云纹,胸前第二至四纽间一团,背部正中一团,两肩处各一团。

图 4-46　皇太子龙褂

清代皇太子服款式图。

图 4-47　皇太子服

《百苗图》

古代帝王为宣扬"文治武功"，加强中央王朝与地方民族的隶属关系，常常绘有职贡图，此举以清代为盛。清代《皇清职贡图》序载乾隆十六年（1751）六月初一上谕说："我朝统一区宇，内外苗夷，输诚向化。其衣冠状貌，各有不同。著沿边各督抚，于所属苗、瑶、黎、僮以及外夷番众，仿其服饰，绘图送军机处，汇齐呈览，以昭王会之盛。各该督抚于接壤处，俟公务往来，乘便图写。不必特派专员，可于奏事之便，传谕知之。"

上有倡导，下必甚焉。各地官吏争先请画师绘制，出现不少民族服装画，如《百苗图》《番俗图》《黎民图》等，并汇集中央。乾隆年间编绘有《皇清职贡图》，事后，各地所绘图册也经临摹转抄，流传于民间。

"妇人编发为髻，近多圈以银丝，扇样冠子，绾之以长簪耳坠，项圈数围，短衣，以五色锦镶边袖。"这是贵阳市档案馆馆藏画册《贵州百苗图》对"斧头苗"这一分支服饰习俗的描写。在众多异文本的画册中，对类似的少数民族服饰风情，都有不同层面的描述。

现存《百苗图》不下十几种，其中中国历史博物馆收藏的一部较早，原订为元代。而其他《百苗图》的创作年代上限最早的为乾隆二十六年（1761），下限直至清代末期。图注选录原图标示文字。

衣服皆尚黑，故曰黑苗。妇人绾长簪，耳垂大环，银项圈。衣短，以色锦缘袖。男女皆跣足。

图 4-48　短裙黑苗

其俗陋而勤耕。衣用坏布撕条织成青布，无领袖，从头笼下，名曰"格榜"。

图 4-49　花苗

斧头苗：妇人习俗，编发为髻，近多银丝扇样冠，用琵琶长簪绾之；耳坠双环，项圈数围；衣短衣，以五色锦镶边。

图 4-50 爷头苗

女子善纺织，有水家布之名。穿筒裙短衣，四围俱以花布缀之。

图 4-51 水家苗

　　女子以白布镶其胸前及两袖之间，裙亦如之，故名雅雀。最喜居山，种粮为食。亲死，择高山为佳壤。其言语似雀声，故名"雅雀苗"也。

图 4-52　雅雀苗

　　男子短衣大裤，出入持长镖枪。

图 4-53　生苗

在龙里、清平、贵筑，男以花布束首，着浅蓝短衣，妇着花裳，衣无袖。以中秋祭先祖及亲族之亡者，延鬼师于家，以木板置酒食，呼鬼名而歌舞。

图 4-54　东苗

男子懒耕而好猎，每以逐鹿罗雀为事。妇女周身俱用五彩，如贯珠然。

图 4-55　花仡佬，又名白仡兜

　　锅圈仡佬，男子以斜纹葛为衣，青布巾，笼发如锅圈样。短衣长裙直筒。病则延鬼神，置簸箕内祷之即安。

图 4-56　锅圈仡佬

《皇清职贡图》

《皇清职贡图》是清代记述海外诸国及国内各民族的史籍。乾隆十六年（1751）至二十二年（1757）完成七卷，二十八年（1763）续成一卷，合卷首共九卷，清傅恒、董诰等纂，门庆安等绘。傅恒（1720—1770），高宗孝贤纯皇后之弟，满洲镶黄旗人，授一等忠勇公、军机大臣领班等。董诰（1740—1818），浙江富阳人，书画家，文华殿大学士。门庆安（1736—1795），汉军旗人，画家。

全书依地区编排，卷一为域外，列朝鲜、英、法、日本、荷兰、俄罗斯等二十余国；卷二为西藏、伊犁、哈萨克地区；卷三为关东、福建、湖南、台湾地区；卷四为广东、广西地区；卷五为甘肃地区；卷六为四川地区；卷七为云南地区；卷八为贵州地区；卷九是乾隆二十八年（1763）后所续补增绘之图。又另于嘉庆十年（1805），卷九末又再增补安南国夷官、安南国夷妇、安南国男人、安南国夷人、安南国夷妇五幅。总共绘制三百种不同的民族与地区之人物图像，每一种图像皆描绘男、女二幅，共计约六百幅。每幅图绘之后，皆附有文字说明，文词浅显易懂，简要介绍此民族与清王朝的关系，以及当地的风土民情。

本书是遵从乾隆御旨所绘制，各地总督、巡抚呈上者，都是其辖区内不同部族，与其交往的异域民族绘像；所绘衣冠形貌，都是亲眼所见，故真实可信度高。例如所绘清代各地的壮族服饰，既突显了"椎髻""跣足""着尾"等民族特色，也保留有"交领右衽、上衣下裳"等古代汉服影响的痕迹。这些服饰，至今仍可在广西隆林、西林一带，以及云南文山壮族地区见到。

图 4-57　朝鲜国官员

图 4-58　朝鲜国官妇

图 4-59　朝鲜国民妇

图 4-60　大西洋翁加里亚国（今匈牙利）男子

图 4-61　大西洋波罗尼亚国（今波兰，下同）妇女

图 4-62　大西洋波罗尼亚国男子

图 4-63　大西洋国（今西班牙，下同）黑人男子

图 4-64　大西洋国黑人妇女

图 4-65　大西洋国女尼

图 4-66　大西洋国妇女

图 4-67　大西洋国男子

图 4-68　大西洋国僧人

图 4-69　大西洋合勒未祭亚省（今德国地区，下同）妇女

图 4-70　大西洋合勒未祭亚省男子

图 4-71　英吉利国（今英国，下同）男子

图 4-72　英吉利国妇女

图 4-73　法兰西国（今法国，下同）妇女

图 4-74　法兰西国男子

图 4-75　荷兰国妇女

图 4-76　荷兰国男子

图 4-77　瑞国（今瑞典，下同）妇女

图 4-78　瑞国男子

图4-79　日本国男子

图4-80　琉球国（今冲绳地区，下同）男子

图 4-81　琉球国妇女

图 4-82　琉球国官员

图 4-83 琉球国官妇

图 4-84 文莱国妇女

图 4-85　文莱国男子

图 4-86　安南国（今越南北部，下同）男子

图 4-87 安南国妇女

图 4-88 安南国官员

图 4-89　安南国官妇

《职贡图》

现珍藏于台北"故宫博物院"的《职贡图》为清朝人谢遂所绘。谢遂祖籍四川，居于吴县（今苏州），生卒年不详，为清乾隆时期著名宫廷画家，约生活于 18 世纪中期。

《职贡图》分绘清朝统治下，本土以及四方藩属境内各民族官吏及民众之状貌。着色鲜丽，神情栩活，不唯令人欣赏其人物描绘之精工，尤堪为民族风俗服饰考证之史料。

《职贡图》是一套瑰丽的中外服饰民俗画史，共四卷：

第一卷共七十图，为西洋、外藩及朝贡属邦图像；

第二卷共六十一图，为东北地区，福建、湖南、广东等省民族图像；

第三卷共九十二图，为甘肃、四川等省民族图像；

第四卷共七十八图，为云南、贵州等省民族图像。

合计三百零一图，俱就沿边省份各督抚进呈图样，以地相次，分卷绘制增补而成，有汉、满文图说及题识。图注为编著者所添加。

罗城县苗人服饰

图 4-90　罗城县苗人

太平府属土人服饰

图 4-91　太平府属土人

西林县狭人服饰

图 4-92　西林县狭人

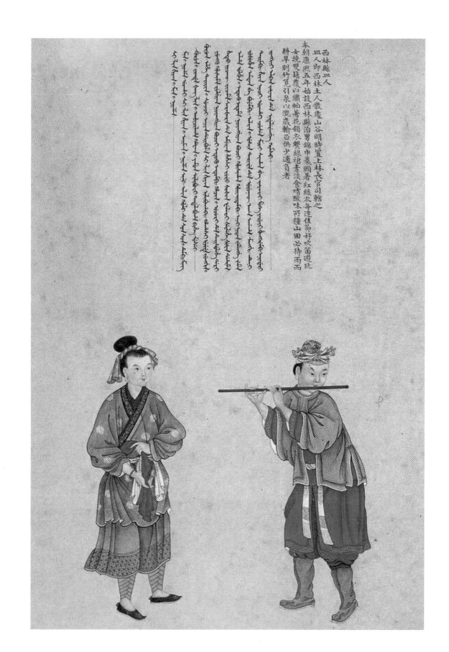

西林县皿人服饰

图 4-93　西林县皿人

関東

鄂伦绰

寧古塔之東北海島一帯唐書所云少海之北三面阻海人依散居有魚鹽之利

者人有赦儵布倫綽其一也在近海之多羅汀弦黙山遊故男女皆跣足以養

角鹿捕魚為生所居以魚皮為散牲情弱堪道路定

关东鄂伦绰服饰

图 4-94　关东鄂伦绰

奇楞

奇楞在寧古塔東北二千餘里黑澒河等處性強悍以捕魚打牲為業男之衣服皆裏皮魚皮為之編書繫其土語稱之奇楞註歲進貂皮

奇楞服饰

图 4-95 奇楞

费雅喀服饰

图 4-96 费雅喀

彰化县西螺等社熟番服饰（番为当时文献对高山族的称呼，接受汉化、居住平地者叫熟番）

图 4-97　彰化县西螺等社熟番

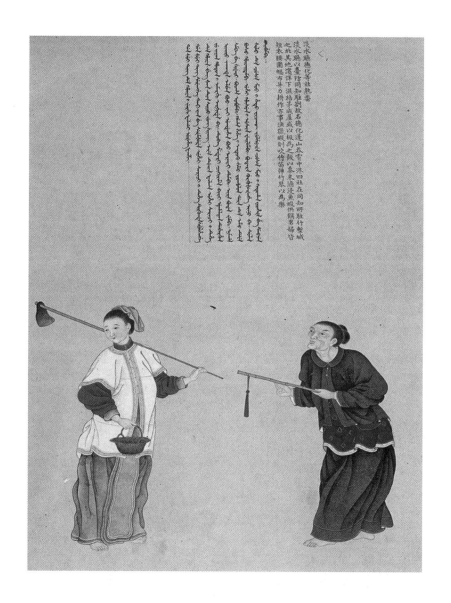

淡水县德化等社熟番服饰

图 4-98　淡水县德化等社熟番

淡水右武乃等社生番服饰（生番是当时指称居住山地、没有汉化的高山族）

图4-99　淡水右武乃等社生番

彰化县内山生番服饰

图 4-100　彰化县内山生番

諸羅縣內山阿里等社歸化生番自康熙三十二年歸化擇其語音調正者為通事番人宿依山內山阿里等社歸化生番畫其語音調正者為通事番人宿依山六十以居飲食衣服與山豬毛等社相似不諳耕作惟根篝羽毛繩採弓矢捕猿鹿以佐食之

諸羅縣內山阿里等社歸化生番服饰

图 4-101　诸罗县内山阿里等社归化生番

《清俗纪闻》

《清俗纪闻》是日本人关于清代中国情况的一个调查记录。采集者中川忠英，字子信，是日本宽政时代川崎的一个地方官。调查对象是在长崎经商的中国商人。1799年（日本宽政十一年，中国清朝嘉庆四年），中川忠英派部下向中国商人系统询问了中国当时的社会情况、风俗习惯，涉及年中行事、居家、冠服、饮食制法、闾学、生诞、冠礼、婚礼、宾客、羁旅行李、丧礼、祭礼、僧徒……非常详细全面，还特命画工在清商们的指导和确认下，详细地绘制了各种事物的图像，历时一年。最后编为《清俗纪闻》一书，日本宽政十一年由东都书林堂出版。

全书有近六百幅清代民俗绘图，犹如一幅鲜活的清代民间生活画卷，详尽而生动，对研究清代民俗、建筑、绘画、文物，以及中日贸易等方面，都是难得的珍贵资料。该书的中译本已由中华书局出版。图注为编著者所添加。

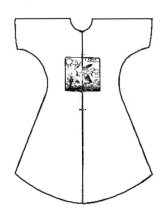

淡蓝色，补子图中鹤白色，绿、白、黄彩色浪纹，绿、紫、黄色云纹，红日。

图 4-102　蟒衣

明清官员、命妇所着一种礼服，作为吉服仅次于龙袍，始于明朝。因衣上绣"蟒"而得名。

图4-103　蟒袍

披风款式图，对襟系带，袖平直，两腋下开衩。

图4-104　披风

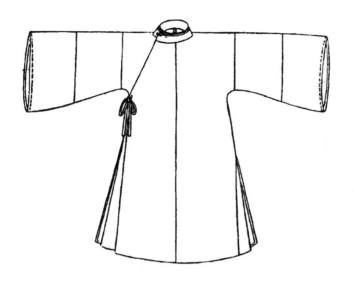

女袍款式图，圆领，右衽，袖平直，两侧开衩。

图 4-105　女袍

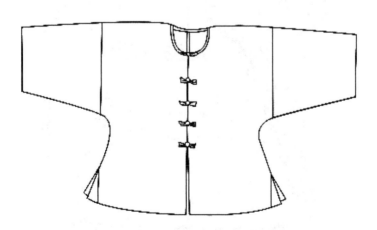

　　清代男女罩于衣外的一种短衣，由行褂演变而来。因着之便于骑马，故名。其基本样式为圆领，身长及脐，衣袖有长有短，下摆四面开衩，有扣襻。

图 4-106　马褂

《乡党图考》

作者江永（1681—1762），清代著名经学家、音韵学家、天文学家和数学家，皖派经学创始人。字慎修，又字慎斋，安徽婺源（今属江西省）人。生员出身，晚年入贡。博通古今，尤长于考据之学，深究"三礼"，撰《周礼疑义举要》，颇有创见。于音韵、乐律、天文、地理均有研究。著述甚多，《四库全书》收其所著书至十余部。戴震、程瑶田、金榜等皆其弟子。

《乡党图考》主要为深衣图的考订绘制。

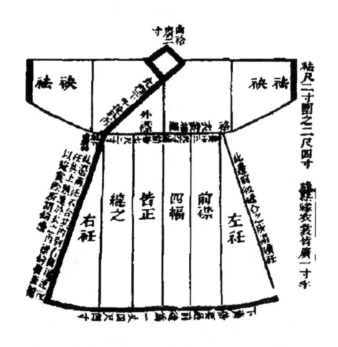

深衣前片裁剪制图

图 4-107 深衣前片图

深衣后片裁剪制图

图 4-108　深衣后片图

《礼书通故》

《礼书通故》是清人诠释古礼、古制的一部名著。

作者黄以周（1828—1899），字元同，号儆季，浙江定海（今舟山）人。其父黄式三，是嘉庆、道光时期博贯群经、著述等身的著名学者。黄以周幼承庭训，笃守家学，专力治经，深究"三礼"。同治九年（1870）举人，光绪六年（1880）由"大挑"得教职，历署遂昌、海宁、于潜县训导，选补分水训导，后以荐举得中书衔，特旨升用处州府学教授。晚年主讲于南菁书院，弟子甚众。他一生主要的活动就是读书、研究、教学和著述。撰《礼书通故》一百卷，考释中国古代礼制、学制、封国、职官、田赋、乐律、刑法、名物、占卜等，纠正旧注不少谬误，具有较高的学术价值。

《礼书通故》体大思精，是黄氏瘁尽心力的巨著。黄氏在《叙目》中说："是书草创于庚申，告蒇于戊寅。"从公元1860年到1878年，历时十九年才完稿。书中名物图涉及天子冠冕、爵弁、元（玄）冠、太古冠、深衣等。图注为编著者所添加。

天子衮冕形制图。

图4-109　天子衮冕

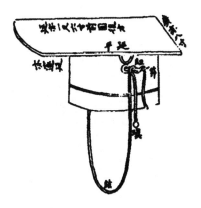

爵弁形制图。礼弁中仅次于冕冠的一种，形制如冕，前后平。色赤而微黑，如爵头，前圆后方，无疏。

图 4-110　爵弁

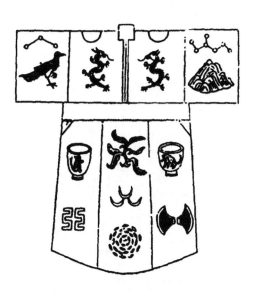

天子衮服款式图与十二章纹布置图。

图 4-111　天子衮服

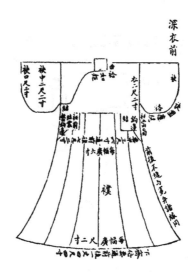

深衣前片裁剪制图，曲裕如矩，前后不缝，与冕弁诸服同等，细部结构皆有标注。

图 4-112　深衣前图

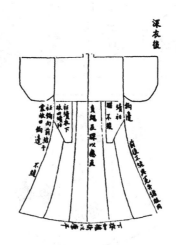

深衣后片裁剪制图，续衽钩边，前后不缝，与冕弁诸服同等，细部结构皆有标注。

图 4-113　深衣后图

《升平署脸谱》

《升平署脸谱》为戏曲服装画，是呈现戏曲服装通用性的系列图谱，当系清咸丰、同治期间（或以后）宫廷画师的作品。这些图谱是为了按照戏曲服装相对稳定的一套穿戴仪规进行规范化应用而绘制的。据《中国戏曲通史》等著作介绍，宋元时期，戏曲衣箱还处在草创阶段，穿戴规制相对简略。明代，已有《脉望馆钞校本古今杂剧·穿关》专业指导本。明末，戏曲衣箱制已奠定基础。清中叶以后，昆曲穿戴规制已相对细致完备，存世资料有《昆剧穿戴》《扬州画舫录》，以及清道光年间《穿戴题纲》等。这时的戏曲服装画呈现出演出穿戴规制的核心点，即某种类型人物应穿戴与之相对应的类型服装。这为戏曲服装的传承和展演奠定了文本依据，也为服装画在戏曲领域拓展出一片新的天地。

《升平署脸谱》收集中国京剧人物扮相写真图九十七幅，这亦是指导演出者根据剧情人物安排如何穿戴的服装图谱。绘制精细，色彩明丽，丝绢、颜料均属上乘，当为帝后所用之"御赏物"。该谱具有很高的艺术和资料价值，是研究京剧早期服饰、脸谱的珍贵史料。图注为编著者所添加。

京剧《泗州城》，又名《虹桥赠珠》，根据水漫泗州历史事实与神话传说改编。图为剧中女妖水母。

图 4-114　水母

京剧《泗州城》剧中公主。

图 4-115　公主

京剧《泗州城》剧中状元。

图 4-116　状元

京剧角色韩世忠。

图 4-117　韩世忠

京剧角色李广。

图 4-118　李广

京剧角色司马师。

图 4-119　司马师

空城计

司马懿

穿戴脸儿俱照此儿

京剧《空城计》剧中司马懿。

图 4-120　司马懿